達成10倍效率的Google
雲端工作術
數位轉型×遠距工作

序言

遠距辦公改變了什麼？

自從新冠病毒來襲，過去習以為常的生活發生了極大的轉變。
日本春夏兩季甲子園球場的全國高中棒球選手權大會被迫取消，相隔四年於東京舉辦的 2020 奧林匹克運動會也被迫延期。

然而，變化並非全是壞事，工作方式也朝向好的方向發展。
一直以來都有人提倡活用 IT 工作的必要性。

除了某些業種外，許多人都應該意識到即使不進辦公室，也能照常工作。不用去擠人滿為患的大眾運輸；不用為了一個小時的會議，耗費數倍的時間拜訪客戶；不用擔心回家時間，直接線上舉辦公司的聚會。不用親自見面、不需要前往其他場所，也可做到跟以前一樣的事情，簡直像在做夢一樣。
沒錯，現在終於出現了理想的工作方式——「**遠距辦公**」。

然而，這個變化卻也帶來「**遠距落差**」。

值此時刻，遠距辦公也朝兩極化發展，分為積極接受的「**遠距強者**」與消極排斥的「**遠距弱者**」。

你是遠距強者？
還是遠距弱者？
這可由下述問題的答案立即知道。

「遠距辦公是否**大幅提升**了你的工作生產力？」

若答案是 Yes，則你是遠距強者；
若答案是 No，則你是遠距弱者。

成為「10 倍效率」的遠距強者

「嗯，雖然相當習慣遠距辦公了，但沒有感覺到效率大幅提升」，如果你是這樣的回答，很抱歉，你是屬於「遠距弱者」。
不過，也不需要太過擔心，因為大部分的人都是遠距弱者。

本書的預設讀者是，想要盡可能改變現狀，卻不擅長 App[1]、IT 工具的老派人士。這麼說也許很失禮，但請容許我稱呼這些人為「**高度自覺的老派人士**」。
高度自覺的老派人士是什麼樣的人呢？經營者、經營幹部、創業家、各企業的領導階層、想要改變現狀的一般員工等等，許多人都為如何在變化劇烈的線上環境提升生產力、激發員工的工作熱忱而煞費苦心。
原本可以透過面對面溝通的各種優勢都無法適用於遠距辦公，無法與人有效率地溝通讓許多人感到挫敗。
然而，請各位不用擔心。

[1] 嚴格來說，「App」是指安裝於智慧手機、平板，透過網路使用的應用程式；「服務」是指經由瀏覽器（Microsoft Edge、Google Chrome™、Safari 等），透過網路使用的應用程式，但本書不刻意區分統一稱為「App」。

你現在需要的是，**在短時間內快速成為遠距強者的武器**。

有些人可能會認為：「想要在短時間內快速學習的話，看 YouTube™ 就行了啊。」然而，YouTube 難以達到我們的目標：**創造 10 倍的成果**。

這就是本書的主題：「**10 倍遠距工作術**」。

無人不知的最強大免費工具

那麼，該怎麼做才能夠創造 **10 倍**的成果呢？

答案就是**盡可能地使用 Google（谷歌）**。

而且，**完全免費**。

有些人可能會說：「咦？我已經在用 Google 了喔！」但多數人只使用搜尋引擎、Gmail™ 等**個人用 App（single-app/single-use）**，無法充分發揮 Google 原本的威力。

多人共用的複合 App（multi-app/multi-use）[2] 才能夠發揮 **Google 怪物般的 10 倍威力**。

為什麼要選擇 **Google** 的理由有以下三點：

理由①：免費使用[3]，**容易上手**

理由②：使用者多，**容易協作**

理由③：資安穩固，**令人安心**

---

[2] multi 意為「多數的」、「複數的」，「multi-app/multi-use」是筆者自創的用詞。

[3] 關於商務付費版服務的 Google Workspace™（舊稱 G Suite），細節請見 173 頁。

大家應該都用過 Google，但真正體驗 **Google 鮮為人知的巨大威力**後，你就更離不開它了。

不過，讀者肯定會覺得奇怪：

「既然有這麼厲害的使用方式，為什麼之前都沒有人知道呢？」

偷偷告訴各位，這是因為幾乎沒有人會教你怎麼用。

從約 70 個中嚴選「10」個 App

提及多人共用的複合 App，各位知道 Google 有多達約 70 個[4]的免費 App 嗎？（參見下頁的服務清單）

除了大家熟知的搜尋引擎、Google 地圖 ™ 外，至 2020 年 10 月 18 日已提供了 69 個免費 App。

有人全部都用過了嗎？

筆者還沒有遇過這樣的使用者。

69 個數量實在太多，如果將範圍限縮到一般業務的話，聽過其中 20 個[5] App 就算是佼佼者了。不過，本書會再從這 20 個當中嚴選最為重要的 10 個 App，只要熟練這 10 個 App 就能夠成為遠距強者。

「10 個 10 倍效率的 App」就此誕生。

---

[4] 資料來源：Google 官網「所有產品」收錄了 69 個 App，但 Google 的 App 每天都在增加，69 個並非 Google 官網正式公布的數字。另外，有些 App 未列於所有產品的清單中，網頁顯示的 App 也經常有所更動。（資料日期：2020 年 10 月 18 日）

[5] Google 日曆 ™、Google Meet™、Google Jamboard™、Google 雲端硬碟 ™、Google 表單 ™、Google 試算表 ™、Google Classroom™、Google 帳戶、Google Keep™、Gmail、Google Chrome、Google 翻譯 ™、Google 文件 ™、Google 簡報 ™、Google 地圖、Google Tasks™、Google 協作平台 ™、Google 網路論壇 ™、Google 我的商家 ™、Google Chat™ 等 20 種

Google 的服務清單

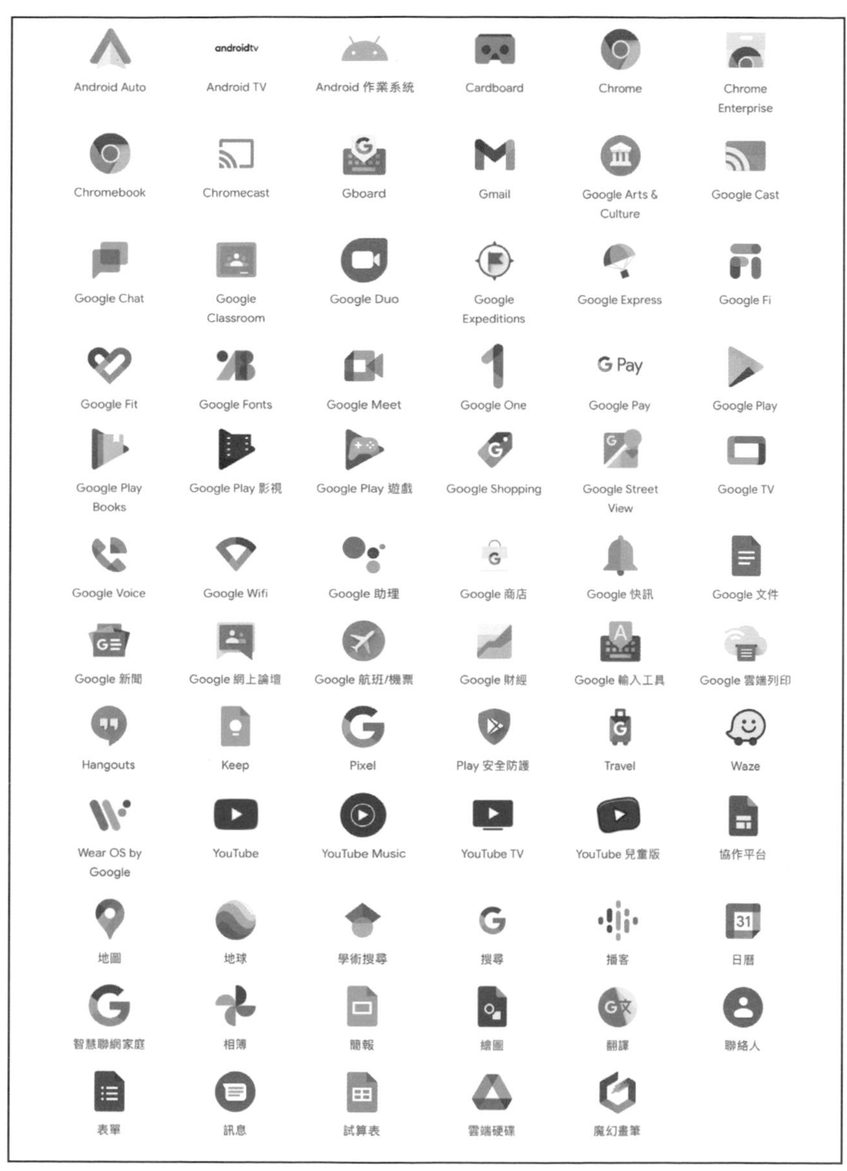

（資料來源：Google 官網[6]）

[6] 資料來源：https://about.google/products/（日期：2020 年 10 月 18 日）

想要從遠距弱者搖身變成遠距強者，你**只需要熟練「10 個 10 倍效率的 App」就行了**。

那麼，該怎麼熟練**多人共用的複合 App** 呢？
向身邊擅長使用 Google 的人請益？
向經常使用 Google 的網紅學習？
這些都是不錯的選擇。
簡言之，我們必須自己尋找好的老師，因為學校不會教這些東西。

雖然聽起來像是自誇，但筆者是這些老師中的佼佼者。
抱歉，忘了先自我介紹，我是 **Google 菁英合作夥伴**平塚知真子。「菁英合作夥伴」是 Google 認證合作夥伴的頭銜中（Google 認證訓練講師[7]／Google Cloud Partner Specialization Education[8]），擁有兩個最高階資格的人。於 2020 年 10 月，我是日本唯一通過認證的女性訓練講師執行長，亦即 Google 認定的「頂尖專家」。

為什麼鮮少有企業通過 Google 的「頂尖」認證呢？
因為 Google 重視實際成果，僅遴選真正獲得使用者好評的人。
筆者在這三年間，獲得 Google 相關人員的推薦、通過許多嚴格的條件，成為最高階的公認訓練講師，根據每天深入使用 Google 所獲得的最新資訊，更新、開發研習用的程式。目前仍在第一線擔任訓練講師，教導其他教育工作者，累積各種研究成果。我們開發的研習程式分為多個級別，本書從中嚴選了幾個關鍵主題，即便是不擅長 IT 工具的人，只要知道這些就夠了。

---

[7] Google 針對個人的認證，指導、輔助教職員改革教育的最高階資格。其他資格還有 Google 認證教育家第 1 級、第 2 級、Google 認證創意家（資料來源：Google 教師中心）。
[8] 日本目前僅有兩家企業獲得 Google Cloud Partner Advantage Program 的認證。（2020 年 10 月底）

筆者完全不會提及多餘的內容，目標是撰寫讓曾經中途放棄這類書籍的人，也**能夠閱讀到最後的書籍**。

曾多次親自參與 Google 的研習、正與谷歌人（Googler）[9] 共事的我，才有辦法得知的最新軼事，也會巧妙穿插於各處添增閱讀的樂趣。

維持現狀將逐漸遭到淘汰的時代

若要用一句話形容 Google（控股公司為 Alphabet Inc.），那就是極為擅長**創新與協作**的公司。

自 1998 年創業至今約 20 年，它靠著這兩強項急遽成長為 1618 億美元 [10]（約 18 兆日圓 [11]）的大企業。

日本在 IT 使用率遠落後於歐美國家，但日本政府於 2020 年提出「GIGA School 構想」[12]，提撥總計超過 4000 億日圓 [13] 的大規模預算。這對於公共教育而言，是極具影響力的龐大投資。

日本學校未來也將有高速無線 Wi-Fi、人手配備一台數位裝置，為教學帶來戲劇性的改變。數位裝置是指，筆電、平板、智慧手機等終端設備。

2019 年以前默默無名的「Chromebook™」，預計配備至日本全國約一半的公立中小學（根據 Google 的調查）。Chromebook 是搭載 Google Chrome OS 的筆記型電腦，同時也可當作平板電腦來使用。

---

[9] Google 習慣稱員工為「谷歌人（Googler）」。

[10] Google 控股公司 Alphabet Inc. 的業績。（資料來源：2019 年 12 月份的 Alphabet Inc. 年度報告書）

[11] 以 1 美元＝ 110 日圓來計算。

[12] GIGA School 構想：「藉由人手一台電腦、集體整備高速大容量的通訊網路，實現包含需要特別照顧的孩童在內，不遺漏任何一位孩童的多樣性，公正個別最佳化深度培養資質、能力的 ICT 教育環境。」（資料來源：截自日本文部科學省「實現 GIGA School 構想」的文宣）

[13] 令和元年補正預算額 2318 億日圓，加上令和 2 年補正預算「加速 GIGA School 構想的學習保障」的 2292 億日圓，提前於 2020 年完成原本預計 2023 年達成中小學生人手一台電腦的目標。

今後，所有的教學授課皆是以 IT 運用為前提，孩童們的 IT 技能肯定會急遽成長。在 IT 技能產生的劇烈世代衝突下，拒絕變化的人將遭到時代淘汰。

正因為如此，我們才要以**Google 的 10 倍效率＝「10 倍工作術」**為目標。
想用 Google 的 10 倍工作術讓「誰」獲得幸福？思考這個問題，其實是非常重要的事情。

當採取行動不僅是為了自己，也真心希望他人獲得幸福時，內心會感到無比雀躍。你想要實現的夢都取決於你自己，光是想像就夠讓人興奮了。
為了實現 10 倍工作術，必須跨出今天的一小步。
每天一步一腳印地實踐，最後就能達成**Google 的 10 倍工作術**。
本書介紹的「10 個 10 倍效率的 App」，操作上都不困難。
而且**全部免費**，不用擔心成本的問題。
與其獨自一人學習，不如**和大家一起使用**，共同成長。

只需要準備這些東西

在進入 10 倍工作術的世界前，請先做好以下兩項準備：

❶ 準備數位裝置

請在閱讀本書前準備一台數位裝置。

所有的數位裝置都可使用 Google，只要活用本書的內容，遠距弱者肯定能夠搖身變成遠距強者。

❷ 建立 Google 帳戶

Google 的強項在於**純雲端服務（Google 的伺服器）**，需要經由 Google 帳戶執行運作。

只要有一個 Google 帳戶，任何數位裝置都可隨時隨地存取相關的資訊。

你無須煩惱資安疑慮，完全可以放心使用。尚未建立帳戶的讀者，請先搜尋「Google 帳戶」建立自己的帳號，所需時間最長約三分鐘左右，在泡麵泡開前就能夠完成。

熟練**「10 個 10 倍效率的 App」後，遠距辦公的成果肯定會比面對面工作多達 10 倍**。

平塚知真子

Google 最高階合作夥伴

CONTENTS

目錄

2 體驗你所不知道的 Google 031

3 Google 的 10 倍溝通術 057

5 Google 的 10 倍管理術 141

CHAPTER 1

遠距弱者搖身變成遠距強者 Google 的 10 倍思考術

因新冠疫情影響的三個工作模式

科技日新月異，時代的改變並不會受你的想法、感情影響，更會毫不留情地把你拋在後頭。

然而，劇烈變化並非全是壞事，只要搭上科技的進化趨勢，就不會遭到時代無情地拋棄。

不過，遠距弱者得小心了。若不改變思維的話，與遠距強者的差距只會愈來愈大。

遠距弱者現在正煩惱什麼事情呢？

因新冠疫情影響，以下三個工作模式出現了重大的轉變：

❶（公司內部、合作夥伴、顧客）**會議、面試、商談**

❷（公司內部、合作夥伴）**資料製作與確認修正**

❷（公司成員、部屬）**管理、培訓、指導**

圖表 1-1 三個工作模式的轉變

三個工作模式	新冠疫情前	新冠疫情後
會議、面試、商談	【面對面會議】 與會者齊聚一堂的集合型面對面會議	【非當面遠距會議】 與會者分散異地透過螢幕參與線上會議
資料製作與確認修正	【一人製作、以郵件確認】 一人製作完成後，以郵件請上司確認內容	【共同編緝、以註解確認】 多人同時進行編輯，不需要透過郵件。 ※ 遠距強者
管理、培訓、指導	【面對面接觸】 在辦公室面對面討論	【非當面接觸】 分散異地隔著裝置畫面線上討論

遠距辦公改變了什麼？

以下將深入講解**圖表 1-1**。

會議、面試、商談

會議、面試、商談從**【面對面會議】**轉為**【非當面遠距會議】**。
過去大多需要調整日程、預約會議室，所有人面對面進行會議。

↓（變化）

居家辦公成為常態後，透過 Zoom、Google Meet、Microsoft Teams 等的遠距會議、線上會議也迅速普及。

資料製作與確認修正

資料的製作業務從**【一人製作、以郵件確認】**轉為**【共同編組、以註解確認】**。
在過去能理所當然進辦公室的時期，會先在桌上電腦製作資料，再以郵件附加檔案寄給同仁、上司請求確認或者核准。由於需要郵件往返多次，確認的過程相當耗費時間。

↓（變化）

遠距辦公是以非面對面為前提，使用雲端服務非當面與對方瀏覽資料、共同編輯。

管理、培訓、指導

下屬的管理、培訓、指導從**【當面接觸】**轉為**【非當面接觸】**。
過去每天都會在辦公室碰面，可觀察對方的表情給予建議，偶爾還能夠利用會議室進行指導。

↓（變化）

改為居家辦公後，管理、培訓、指導只能透過遠距會議或者電話進行。

換言之，從**接觸型實際指導**轉為**非接觸型線上指導**，培訓方式也發生了重大的轉變。
多虧數位裝置、通訊環境、雲端技術的進步，社會環境早已做好遠距辦公的準備，而新冠疫情加速了這個劇烈的變化。

舊型 VS 新型「往返」

今後，將會大幅減少下述的**「往返」**：

- 不用搭乘人滿為患的電車前往公司上班
- 不用離開座位前往開會、商談的場所
- 不用郵件往返多次，內部直接以通訊軟體聯絡

「遠距辦公太棒了！回不去以前的模式了。」遠距強者會勾起嘴角擁抱這些改變。
遠距強者不再採取舊有的「往返模式」，改以智慧手機、電腦等數位裝置在雲端開始全新的「往返」。

舊有的**「往返」**需要物理上的空間移動：

- 從居家前往公司
- 從 A 會議室前往 B 會議室
- 多次離開座位寄送信件

另一方面，遠距辦公發生下述變化：

- 以智慧手機、電腦螢幕，連續參與多場線上會議
- 以電子郵件、通訊軟體等，進行公司內外會議
- 以文書作業 App，多人同時編輯製作資料

遠距強者能夠自由地穿梭於雲端服務之間，從而提高自身的生產力。

這會與因循守舊的遠距弱者，進一步拉開差距。

現今，許多人會透過 Chatwork（通訊軟體）調整成員的日程，再於 Zoom（會議軟體）會議共用「PowerPoint（簡報軟體）」商談。如同開啟 Gmail（電子郵件）將檔案儲存至「Dropbox（網路硬碟）」，我們會同時使用多種由不同公司營運的 App。橫跨 App 用起來不太方便，即便是同位資料擁有者，以不同的帳密登入不同的 App，操作方式也有所差異，不方便統一管理、共用作業資料。

不過，遠距強者已經習慣雲端服務，能夠輕鬆克服這種「IT 落差」。

生產力相差超過 10 倍的理由

現今，遠距弱者與遠距強者之間，產生了**超過 10 倍的效率落差**。下面以敝公司的顧客為例，實際比較不同的個案。

即便業務流程完全相同，遠距弱者與遠距強者間的生產力竟然如此懸殊。

「案例」

A 公司的 A 山先生要與新客戶 B 公司簽訂合約，B 公司的負責人是 B 田先生，兩人之間發生的「簽署契約」的工作。

這項工作需要五個程序：「雙方碰面」→「製作契約」→「確認內容」→「修正內容」→「協議簽署」。試著以下頁**圖表 1-2** 的五個程序，比較遠距弱者與遠距強者的差異。

圖表 1-2 **遠距弱者與遠距強者的工作比較**

工作程序	遠距弱者	遠距強者
1. 雙方碰面	〔第 1 天〕 A 山先生前往 B 田先生的辦公室，當面寒暄問候。	**〔第 1 天（30 分鐘）〕 A 山先生與 B 田先生以會議 App 線上寒暄問候。**
2. 製作契約	〔第 2 天〕 B 田先生製作文件檔案，隔天寄信給 A 山先生。	**〔第 1 天（10 分鐘）〕 進行會議的同時，直接於雲端與對方共用、編輯文件。**
3. 確認內容	〔第 3 天〕 A 山先生收到 B 田先生的信件，確認文件內容。	**〔第 1 天（15 分鐘）〕 對方直接於雲端確認內容。**
4. 修正內容	〔第 4 ～ 5 天〕 A 山先生以郵件聯絡 B 田先生，傳達幾個希望修正的地方。A 山先生與 B 田先生經歷三次郵件反覆調整後，完成雙方協議的合約。	**〔第 1 天（30 分鐘）〕 雙方於雲端上表達想法、共同編輯合約，分歧處以遠距會議、註解與內部員工討論修正，尋找雙方的妥協點完成合約。**
5. 協議簽署	〔第 6 ～ 7 天〕 收到 B 田先生蓋章後的合約後，A 山先生再回寄蓋章後的合約，完成簽約手續。	**〔第 1 天（5 分鐘）〕 線上簽署電子合約後轉成 PDF 檔，完成簽約手續（從問候到結束僅一個半小時）。**

遠距弱者耗費相當多的時間，從最初的問候到完成手續總共經過 7 天，拜訪辦公室、電子郵件往返、寄送實體信件各需要兩次「往返」。

與此相對，遠距強者僅花費一個半小時，就在線上完成簽約手續，完全不需要拜訪辦公室、電子郵件往返、寄送實體信件。

僅有會議 App、文書 App、電子戳章 App、PDF 等雲端應用程式「往返」，完全沒有物理上的空間移動。

遠距弱者耗費 **168 個小時**（7 天）的作業，遠距強者只需要 **1 個半小時**就能夠完成。僅僅改變「往返」的方式，就能**夠創造超過 10 倍的效率**。

即便你是遠距弱者，也能夠輕鬆駕馭 Google 的 App —— **10 個 10 倍效率的 App**。

成長 10 倍比進步 10%簡單

據悉，Google 成功的秘密就在於**「成長 10 倍」**。

一般來說，企業組織的目標設定是比去年進步 10%。

然而，Google 員工在擬定目標數值時，上司會直接在最後面補上一個「0」。換言之，Google 的目標是「成長 10 倍」。

「目標數值的 10 倍？別開玩笑了！」一定有人這樣想。

然而，X 公司（舊稱 Google X）的阿斯特羅．特勒（Astro Teller）表示：**「其實，成長 10 倍比起進步 10%簡單。」**（**圖表 1-3**）。泰勒先生是 Alphabet 研究機構 X 的執行長，參與開發 Google 眼鏡（擴增實境可穿戴式電腦）、自動車等創新科技。

圖表 1-3 阿斯特羅．特勒：慶祝失敗可以帶來意想不到的好處—— TED Talks

（資料來源：TED Talks，2016 年）

特勒先生表示：「採取每次進步 10%的做法，會陷入與全世界**聰明人競賽**的窘境。」實際上，全世界到處都有聰明人，他們也很努力累積自身的成就。
話說回來，一旦設立 10 倍的目標後，就會知道過去的方法行不通，**僅剩思考全新方法一途**。
特勒先生表示：「不要仰賴聰明才智，試著**運用創造力與敘事力**，反而容易找出提升效率的答案。」

創造力（creativity）是指突破常規的能力，嘗試史無前例的方法、跟完全不相關的專家合作等等，與其從零開始思考，不如結合兩種不同職業的構想力，亦即**著重異業合作**。
敘事力（storytelling）是指敘述故事的能力，將「希望實現這樣的未來」的願景融入連結過去、現在、未來的故事當中。
我們為何會面對這樣的困難？今後該何去何從？
具體回答這兩個問題，與相關人員分享心中的藍圖。

Google 成功的秘密在於，**竭盡所能實現 10 倍成果的強烈意願**。
不單純以科技進步為目的，**更致力於為社會帶來巨大衝擊，孕育前所未有的嶄新服務**，正是 Google 破壞式創新的原動力。
10 倍目標能夠凝聚組織的意識，指引經營、企劃營運的方向，同時也可當作自己的**人生指南針**。
與「怎麼可能達成 10 倍目標」的成見違背，你能夠比想像中更容易克服困難，請不必過於擔心。

由未來反向推算的 Google 10 倍思考術

實際思考你自身的 10 倍目標吧！

首先，在紙本上寫出一個自己最期望的狀態、想要達成的目標。

接著，將該目標轉換成數值。

最後，在該數值後面補上「一個」、「0」。

這樣就設定好 10 倍的目標了。

你現在覺得如何？

就算補上一個 0，也沒有什麼概念吧！筆者最初也是如此。

如同突破天際登上月球的遠大目標，可喻為**「登月目標（Moon Shot）」**，後面補上一個 0 的目標正是登月目標。訂定這樣的目標需要足夠的勇氣，而且起初會感到不知所措。

「這不是紙上談兵嗎？」

「這目標過於遠大，何必如此高估自己呢？」

「10 倍目標沒有意義，根本不可能達成。」

心中會這麼想是理所當然的事情。

不過，訂定 10 倍目標有一些小技巧。

首先，在思考 10 倍目標時，不必考慮自己現在「缺乏什麼」或者「能力不足」。總之，避免逐項列舉「做不到的理由」。

接著，告訴自己訂定 10 倍目標，既沒有給別人添麻煩，也不用花費一毛錢，大膽嘗試沒有任何損失。況且，最重要的不是關注「現在」，而是**自我訓練朝向達成目標的「未來」**。

你的 10 倍目標是讓**「誰」**變成**「什麼狀態」**呢？
不妨**想像具體的終點**，創造自己的故事。

成功達成登月目標後，你會有**「什麼樣的感受」**呢？周遭的人會有什麼樣的反應呢？
請具體想像成功達標的瞬間，細細體會當下的情境、心情。

內心是否感到欣喜雀躍嗎？
有些人可能為自己感到驕傲，露出得意的笑容。
光是這樣就成功了。

當你認為 10 倍目標**值得今後認真投入**，就只剩下實際執行而已。
此時，若知道數位工具的高效用法，可迅速拓廣加深與他人的連結。
重要的是**「由未來反向推算」**。
10 倍目標的規模過於龐大，沒有辦法在一個禮拜、一個月內達成，可能會浮現「果然還是做不到」的想法。
此時，你可以嘗試**拆解**應該做的事情。
由理想的未來反向推算，確實完成今天能夠做到的事情，即便只是一小步，也確實朝向 10 倍目標邁進。

另一個對策是，不要認為你必須一個人完成 10 倍目標。
在實現巨大目標的時候，身旁肯定會有**「他人的幫助」**。
筆者過去也認為必須全部親力親為才行，但自從接觸 10 倍思考術後，開始相信「即便一個人辦不到，也可和同伴一起完成」。

不過，現實中一樣米養百樣人，新冠疫情後不再面對面接觸，遠距辦公成為一種常態，無法再像過去當面洽談合作。

正因為這樣的時空背景，筆者才想向大家分享**遠距辦公特有的優勢**，於是執筆撰寫這本書籍。

筆者希望讀者親身體會，遠距辦公也能夠即時分享關鍵資訊，各自主動採取行動，可帶來遠比面對面合作更高的生產力。
過去的常識如今已不再適用，許多第一線的經理人也許會為此感到挫折。
如果遠距辦公能夠明顯縮短分享資訊的時間，同時營造歡愉的工作環境，各位不覺得這是件很棒的事情嗎？將節省下來的時間，投入對自己來說真正重要的事情。
完全實現這些期望的唯一方法，就是熟練 Google 的 Apps。

然而，Google 的 Apps 僅是 **10 倍思考術的工具**。
換言之，想要如同 Google 獲得成功，光瞭解 App 的便利功能、用法是不夠的，還必須自己實際操作，思考**如何管理不可見的資訊**。
想要以 Google 的 10 倍思考術，最大限度引出團隊成員、App 的本身能力並有效活用，我們還需要經營管理。

不過，即便心裡認同：「更加有效活用 Google，肯定會帶來不錯的成果。」還是沒有實際用過 Google 的 App。
想要體驗 10 倍工作術的美好，事實勝於雄辯、百聞不如一見。
下一章會介紹 Google 的簡報 App「Google 簡報」。

CHAPTER 2

體驗你所不知道的 Google

只需三個步驟立即體驗

看到**「你其實沒有真正瞭解 Google」**，你可能會反駁：「哪有這回事，我知道怎麼使用 Google 喔！」

下面就來示範 Google 的真正用法。請準備好手邊的數位裝置（電腦、平板、智慧手機），實際操作本書的內容。

這邊要體驗的 App 是簡報應用程式。在商務往來上，肯定會碰到對顧客、部屬、同仁簡報的情境。

提及簡報，你可能會聯想到 Microsoft 的 PowerPoint、Apple 的 Keynote 等軟體，而 Google 的簡報 App 是**「Google 簡報」**。

簡報

眾所皆知，一張簡報資料稱為一張「投影片（slide）」。下面就來比較過去使用的簡報軟體，同時以三個步驟體驗 Google 簡報。

步驟 1	步驟 2	步驟 3
開啟	製作	共用

透過這三個步驟，可幫助您瞭解如何活用 App 工作的整體樣貌。

步驟 1 | 開啟 → 迅速啟動

目前位置
▼

步驟 1	步驟 2	步驟 3
開啟	製作	共用

你平時是如何開啟 PowerPoint、Keynote 這類簡報軟體呢？
一般來說，你會點擊桌面上、開始功能表中已安裝的簡報軟體圖示，接著點擊「新增文件」產生第 1 張投影片。到這邊需要**「兩個動作」**，而且通常僅有已安裝軟體的數位裝置才能夠作業。

另一方面，Google 簡報是如何運作的呢？

「瀏覽器」是瀏覽網頁用的應用程式，而 Google 提供的瀏覽器是 Google Chrome。
如下頁**圖表 2-1** 所示，直接在 Chrome 畫面上方顯示網址的「網址列」鍵入**「slide.new」**。

圖表 2-1 進入 Google 簡報的新增文件畫面

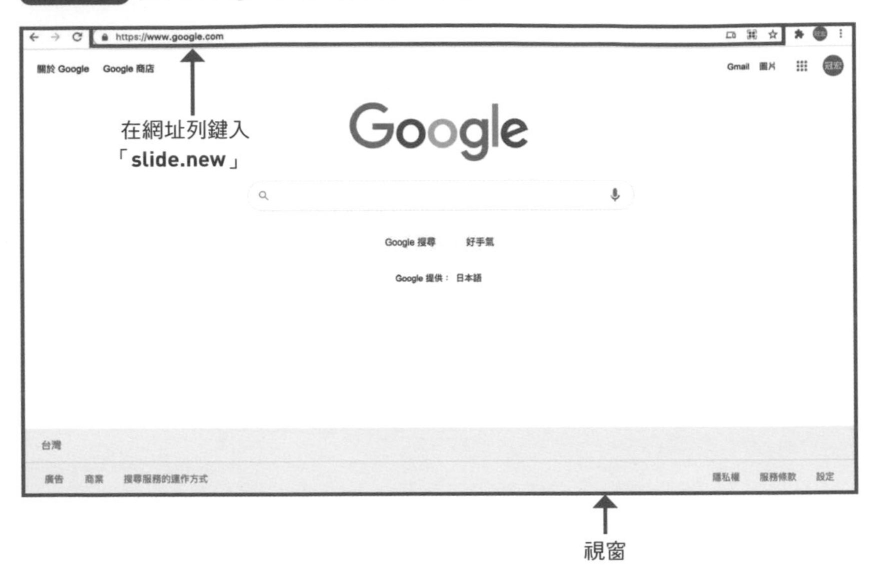

然後，如**圖表 2-2** 所示，會直接顯示 Google 簡報的空白新增文件（省略軟體的啟動畫面）。任何數位裝置都可透過瀏覽器免費使用，而且只要**「一個動作」**就能夠編輯內容。

圖表 2-2 新增 Google 簡報的標題、檔案名稱

不同於以往的啟動畫面可能令人吃驚，但 Google 就是**經由「瀏覽器」使用 App**。如此一來，資料不會**殘留**、**遺留**在你的電腦當中。
儲存至自己的電腦稱為「就地儲存」，而 Google 採取**「雲端儲存」**，檔案會**自動儲存**至 Google 的伺服器。

為什麼閱覽網頁的「瀏覽器」能夠使用 App 呢？這是因為瀏覽器非使用數位裝置安裝的軟體，而是經由網路使用 Google 伺服器管理的軟體。Google 地圖、Gmail 也是同樣的機制。
手邊的數位裝置僅是顯示伺服器內資訊的「螢幕」。
這麼做有什麼好處呢？
好處就是**隨時隨地**都能夠編輯。
無論電腦、平板、智慧手機、Windows、Mac 還是其他數位裝置，隨時隨地都能夠安全地存取相同的檔案。若比喻成金錢存款的話，僅儲存於自家電腦的方式是「衣櫃存款」;儲存於雲端的方式是「銀行存款」，不受限於存款戶頭的銀行，可從全國各地的 ATM 安全提領現金。

新增文件後，務必為檔案取個「名字」。
Google 的 App 會於畫面左上角，顯示「未命名○○」的檔案名稱，點一下便可重新命名，建議輸入一看就可馬上回想起來的名稱。

步驟 2 ｜ 製作 → Google 的 AI[14] 會從旁協助

目前位置
▼

步驟 1	步驟 2	步驟 3
開啟	製作	共用

用「語音輸入」取代「文字輸入」

簡報投影片的內容，一定得輸入文字。

過去，華麗打字的姿態被視為帥氣的象徵，但今後不是這樣的時代了。

比起傳統的「文字輸入」，「語音輸入」的功能更為簡單，擁有更高的輸入準確度。

文書編輯 App 的 Google 文件和 Google 簡報的「演講者備忘稿」，可以語音輸入編輯 *15 內容。語音輸入的技術日新月異、進化快速，準確度也逐漸提升。

投影片下方的演講者備忘稿是，投影簡報時可於手邊電腦查看的筆記區（34 頁**圖表 2-2** 的綠色方框），僅需要「兩個點擊」就能夠使用語音輸入。

先點擊選單列的〔工具〕，再點擊〔使用語音輸入演講者備忘稿〕。

---

[14] AI：人工智慧。正式名稱為 Artificial Intelligence。

[15] 這項功能僅可用於 Chrome 瀏覽器，必須開啟數位裝置內建的麥克風，且麥克風正常運作才可使用語音輸入，相關設定因裝置設備而異。另外，智慧手機的 App 基本上都能夠語音輸入。

圖表 2-3 語音輸入演講者備忘稿

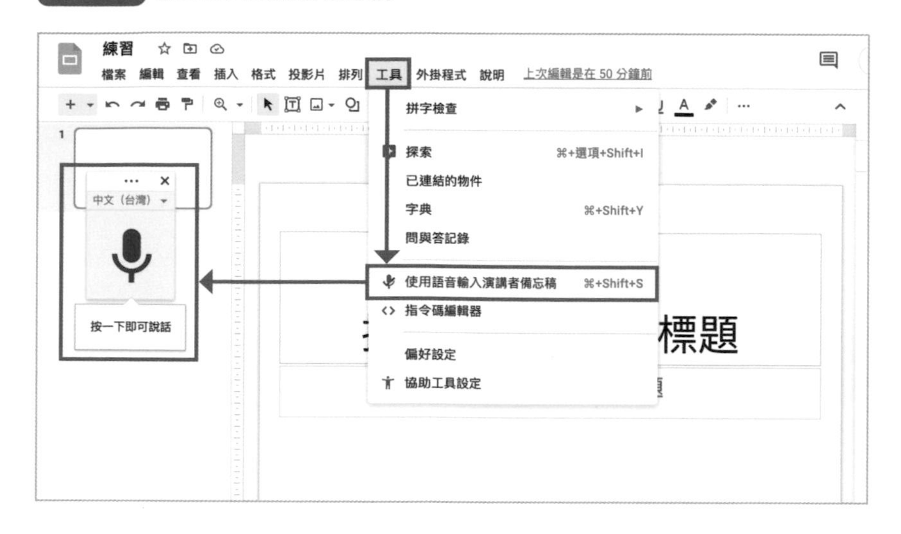

如**圖表 2-3** 所示，準備好朗誦內容後，點擊〔按一下即可說話〕上方的黑色麥克風圖示，開啟語音輸入的功能（圖示轉為紅色）。

朗誦結束後，點擊紅色麥克風的圖示，關閉語音輸入的功能（圖示變回黑色）。

那麼，請試著朗讀下述繞口令，語音輸入演講者備忘稿看看。

「吃葡萄不吐葡萄皮；不吃葡萄倒吐葡萄皮。」

「黑化肥發灰會揮發；灰化肥揮發會發黑。」

結果如何？

即便是繞口令，也能夠相當準確地辨識出來。

這個語音輸入運用了 Google 最新深度學習的類神經網路演算，成功實現自動辨識語音。由於能夠判斷文章脈絡修改文句、立即辨識輸入的聲音資訊，才有辦法輸入如此準確的內容。

即便是已經輸入的文句，若根據前後脈絡判斷為錯誤，也會直接修正前面的內容。宛若其他人修改你已經寫出的文句，能夠確認 Google AI 修改成適當文句的過程。

當然，想要加入標點符號[16]或者輸入錯誤、選字錯誤時，可將游標移動到該處進行修正。語音輸入需要注意的地方，只有必須大聲說清楚而已。

一起**免費**體驗 Google 日以繼夜發展的最新技術吧！

由 Google 圖片搜尋 ™ 直接插入

接著製作投影片的「封面」。

雖然僅有文字的封面也不錯，但封面是簡報資料的門面。

以下示範在封面**插入圖片**。

想要在 Microsoft 的 Word、Excel、PowerPoint 等插入圖片時，因為軟體是安裝在數位裝置上，圖片、圖表得先暫時〔儲存〕至裝置才能夠〔插入〕。

另一方面，Google 的應用程式**完全不需要這些步驟**。

因為 App 是在雲端運行，**不必特地從終端設備上傳圖片，投影片能夠直接插入 Google「搜尋」找到的圖片（或者 YouTube 影片）**。

換言之，Google 簡報、Google 搜尋 ™、YouTube 等應用程式之間，**完全不存在「IT 落差」**。一起體會 Google 特有的無縫連結流程。

想要「加入」其他要素時，Google 的 App 都是同樣的操作步驟，請好好記住後面的內容。

[16] 2020 年 10 月 18 日時，輸入法尚未支援語音輸入標點符號。

圖表 2-4 **Google 簡報想要加入其他要素時，點擊選單列中的「插入」**

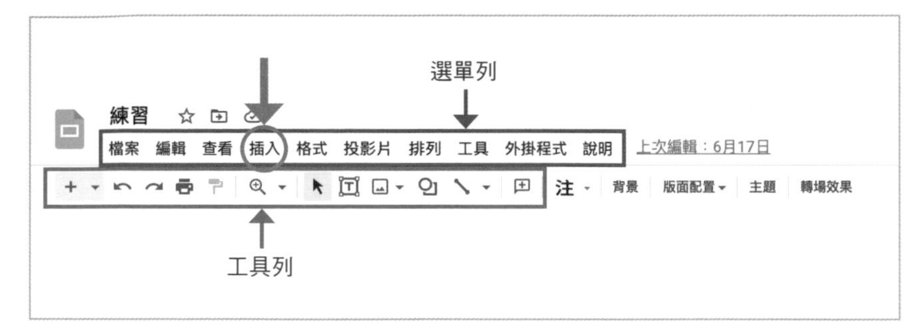

首先，如**圖表 2-4** 所示，**點擊「選單列」中的「插入」**。

如此一來，下拉式選單會顯示所有可加入 Google 簡報的要素（下頁**圖表 2-5**）。

圖片、文字方塊、音訊、影片、圖檔、表格、圖表等等，簡報能夠加入各式各樣的要素。

例如，選擇「插入」下拉式選單中的**圖表**，Google 不是如傳統「將圖表轉換成圖檔再插入」，而是**〔連結〕表格計算軟體 Google 試算表製作的圖表**。換言之，Google 的插入直接就是「資料連結」，當試算表上的圖表內容改變，Google 簡報的資料也會即時同步更新。

每次更新資料後，不需要一一修改。

接著示範插入**〔圖片（照片）〕**。

如下頁**圖表 2-5** 所示，選擇〔插入〕中的〔圖片〕後，會進一步顯示隱藏的選單。

點擊上面數來第二個的〔搜尋網路〕，**會在同一畫面上顯示 Google 圖片搜尋**（其他家工具無法實現），不需要切換分頁就可從搜尋結果插入同一畫面上的投影片。

圖表 2-5 Google 簡報可在同一畫面上顯示 Google 圖片搜尋

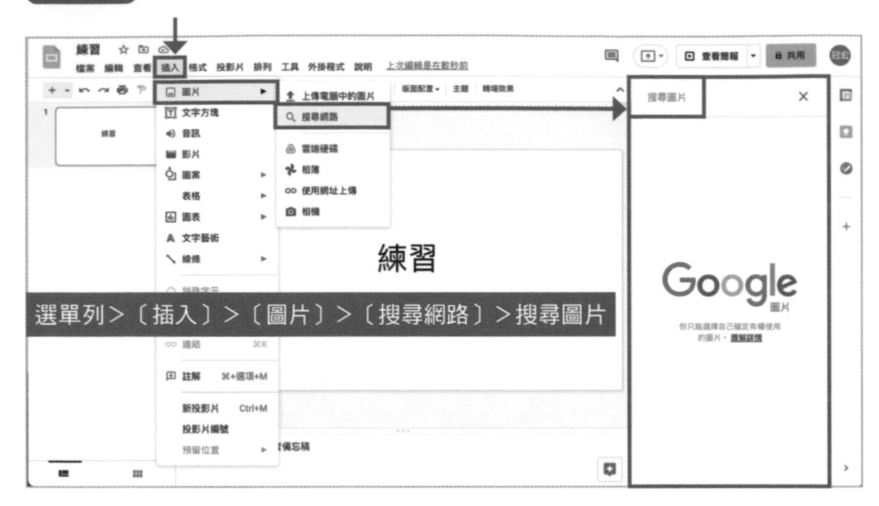

尋找簡報用的圖片很花時間，利用這項功能可加速作業的完成。一起搜尋想要加入的圖片關鍵字。

這邊示範鍵入「山」，按下〔Enter〕鍵開始搜尋。

圖表 2-6 點擊搜尋結果的圖片後可直接插入 Google 簡報

然後，從搜尋結果點選喜歡的圖片（**圖表 2-6** 選擇上面數來第 2 張圖片），再點擊畫面右下角的〔插入〕。

另外，Google 簡報的圖片搜尋僅會顯示 Google AI 判斷「可再利用」的圖片，不需要擔心侵犯著作權的問題。

將排版設計交由 AI 代勞

輸入封面的標題也插入有趣的圖片後，接著就要開始煩惱該怎麼設計排版，移動文字方塊的位置、改變文字的尺寸與顏色、調整圖片的大小取得平衡等等。

〔探索〕按鈕

這些作業可由 Google AI 代勞，一下子就完成賞心悅目的封面。〔探索〕會顯示成右圖的按鈕，或者畫面右下角的縮小圖示（**圖表 2-6** 的綠色方框）。

點擊〔探索〕後，畫面右側會立即顯示多個設計方案（**圖表 2-7**）。

圖表 2-7 點擊〔探索〕讓 AI 幫忙配置版面

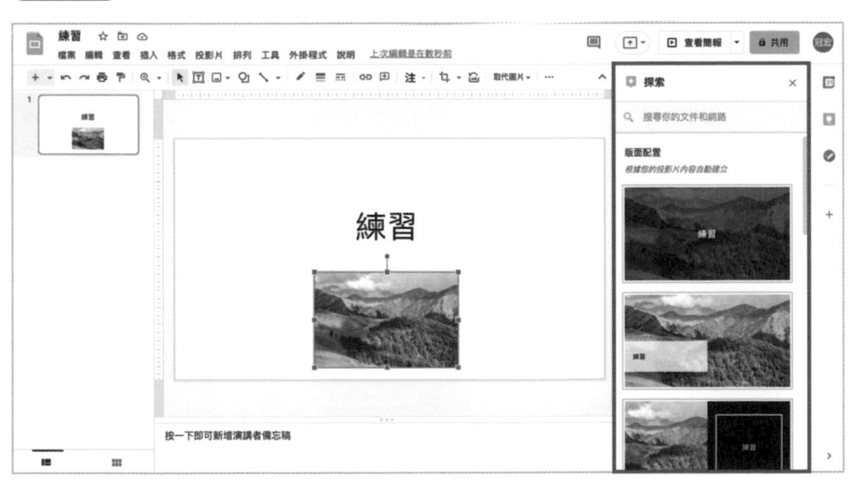

若當中有喜歡的設計，點選後可立即套用至 Google 簡報。

如上所述，僅僅只是體驗 Google 而已，你就已經運用了最先進的 AI 功能。

步驟 3 ｜共用 → 沒有時間、地點、對象的限制

目前位置
▼

步驟 1	步驟 2	步驟 3
開啟	製作	共用

在前面的內容，示範了純雲端服務的 Google 才得以實現的**「App 協作」**和**「AI 功能」**。

接著，下面來示範多人同時編輯相同 App 的**「共用」**。

「共用」是本書的核心概念。

體驗多個設備的操作

雖然這麼問很突然，但你曾經體驗過「同時編緝」嗎？

所謂的同時編輯，是指與其他人同時製作一個檔案的功能。不過，這項功能難以一個人嘗試，如同一個人乘坐蹺蹺板不怎麼好玩，沒有其他人一起編輯會相當無趣。

請各位牢記這句非常重要的話：

雲端服務最大的優勢在於**「共用」**所帶來的好處。

既然這非常重要，該如何一個人體驗共用呢？
答案是**由多個裝置同時編輯**，這個方法能夠一個人**立即嘗試即時雙向溝通**。

實際上，即便不使用雲端服務也能夠處理工作，多人確認簡報資料的作業可用郵件附加檔案完成。然而，若考慮遠距辦公下的作業速度，情況又會如何呢？
現在想要立刻找主管解決這個疑問，即使想這麼做，但電話、郵件的聯絡卻相當耗費時間。不過，若選擇雲端共用的話，**可不造成對方任何負擔，迅速解決問題**。在新冠疫情壓力滿載的環境下，**不造成對方負擔**是相當難能可貴的事情。

雲端共用可將剛修改的最新資訊，**即時「共用」**至其他相關人員的終端設備，**立即進行判斷、修正**。而且，完全不需要假借他人之手，不必勞煩其他人處理這點小事。

多虧通訊軟體的發達進步，多數人已經習慣**即時的互動溝通**，工作上也講究**速度感與雙向性**。只要熟練掌握**「共用」**，遠距辦公一點都不可怕。即便採取遠距辦公，也能夠不受到時間地點的限制，與對方一同檢視同一份資料、交換最新的資訊。

一起嘗試共用資訊的速度到底有多快。雙向溝通交流今後將發生巨大的轉變。做法相當簡單，只需要拿起手機，開啟簡報 App[17]，手機畫面**馬上會顯示剛才於電腦製作的檔案**。

---

[17] 若使用的智慧手機尚未下載 Google 簡報的話，可至 Google Play™ 商店（Android™）或者 Apple App Store（iOS）免費取得。

圖表 2-8 **在多個設備上即時顯示**

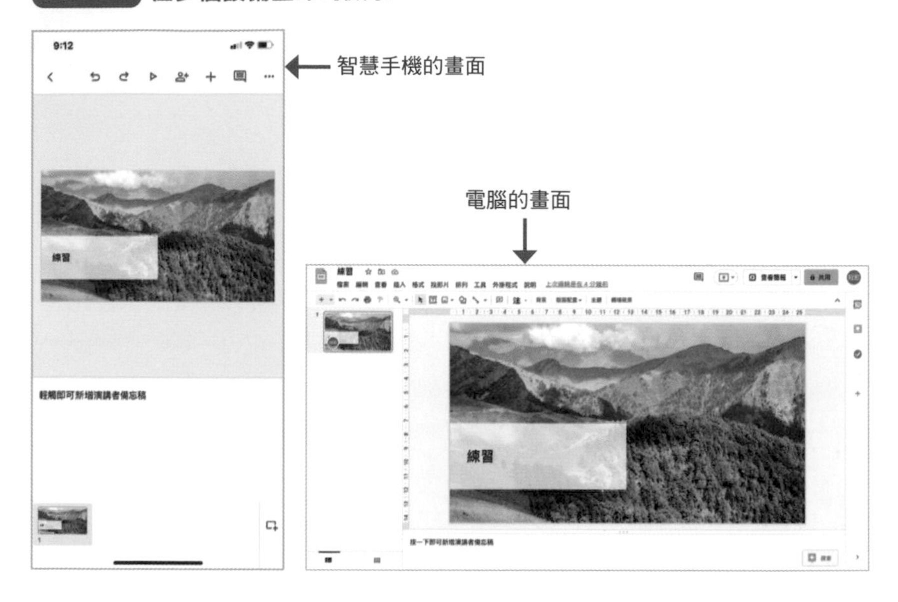

只需要啟動 App，隨時隨地都可同步最新版的電腦檔案。透過電腦和智慧手機，你能夠體驗同時編輯的模擬情境。

以下將示範如何從智慧手機 App 編輯電腦製作的簡報。

以電腦和智慧手機「一人飾演兩角模擬體驗」同時編輯

如**圖表 2-8** 所示，智慧手機的畫面上，應該會顯示剛才你在電腦上製作的同一張投影片[18]。

所謂的雲端共用，是指使用雲端上同一份資料、檔案，能夠即時更新內容的功能。如**圖表 2-9** 所示，不需要個別傳送檔案。

若共用對象是自己的其他裝置，可不受時間地點限制遠距辦公，在辦公室繼續編輯作業。

[18] 本書的手機操作解說是根據 2021 年 6 月時 iPhone XR 的螢幕截圖，其他數位裝置的功能、操作畫面可能有所不同。

圖表 2-9 **從個人使用到多人使用**

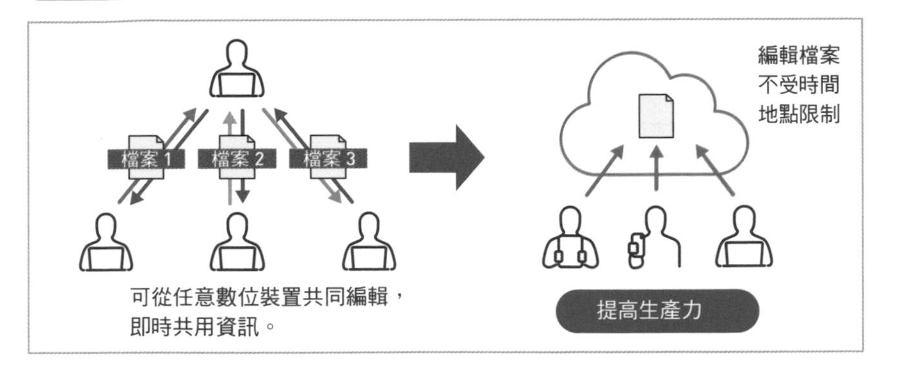

若共用對象是自己以外的他人，能夠同時編輯同一份檔案。無論是遠在天邊，還是近在眼前，甚至是在地球的另一側都沒有關係，完全不需要郵件「往返」。

接著就一起使用智慧手機的 Google 簡報繼續編輯。

下面示範新增第二張投影片。

圖表 2-10 **以智慧手機新增第二張 Google 簡報的投影片**

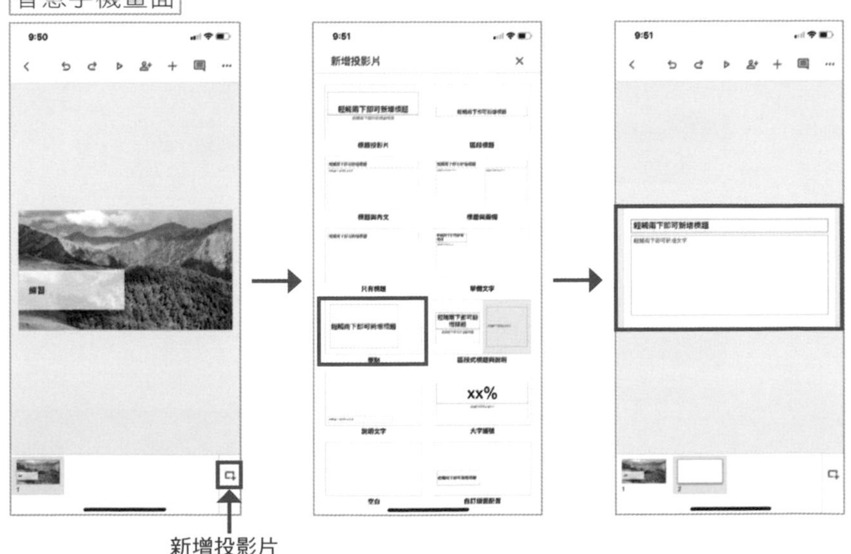

電腦的「點擊」動作在智慧手機稱為「觸擊」，**輕觸編輯畫面底部的版面配置新增投影片**。

如上頁**圖表 2-10** 的步驟，是否已新增投影片了呢？

以註解實現雙向互動的遠距溝通

觸擊智慧手機畫面會顯示「新增註解」。

再次觸擊想要加入註解的文字、圖片，開始輸入內容。

大部分的智慧手機應該都能夠語音輸入，一起對插入投影片的圖片新增註解。

完成註解後，抬起頭查看電腦畫面。在電腦的簡報畫面上，應該已經顯示智慧手機的註解內容（**圖表 2-11**）。接著，在電腦上回覆註解後，再次查看智慧手機的畫面。

圖表 2-11　以註解實現即時的雙向溝通

如上所述，我們能夠簡單做到即時雙向的溝通交流。

前述的智慧手機和電腦是登入同一 Google 帳戶[19]，電腦和智慧手機的投稿人應該都是你自己才對，雖然沒辦法跟**圖表 2-11** 不同帳戶間的溝通一樣，但仍舊可嘗試一人飾演兩角的模擬體驗。

而且，這不是 Google 簡報專屬的功能。

所有的 Google App 都能夠做到相同的事情。

只要使用 Google 文件，就能夠省去郵件附加會議記錄的工夫。

只要使用 Google 試算表，所有相關人員都可填寫同一份檔案的數字，閱覽時可即時共享最新資訊。順便一提，電腦 App、智慧手機 App 都是點擊〔**x**〕按鈕關閉 Google 的應用程式[18]。

由於資料全部都是**自動儲存**，可不用多想直接關閉程式。即便突然當機、不幸關機，檔案也確實存至線上儲存空間的 Google 雲端硬碟，請各位不用擔心。

為什麼要選擇 Google 呢？

前面實際動手操作，體驗了 Google App 怎麼與其他 App 協作、怎麼連結多個裝置作業。

[18] 本書的手機操作解說是根據 2021 年 6 月時 iPhone XR 的螢幕截圖，其他數位裝置的功能、操作畫面可能有所不同。

[19] 關於 Google 帳戶，細節請見第 5 章第 2 節（155 頁）。

正因為是 Google 的 App，才可如此輕鬆與重要對象即時安全地共用最新資訊，為什麼會這麼說呢？理由有以下三點：

❶ 純雲端原生

❷ 高性能的搜尋功能

❸ 資安防護具有業界最高水準

❶ 純雲端原生

Google 是雲端原生企業。

Google 的雲端開發構想，起初就不是針對個別的數位裝置，而是經由雲端線上管理資料、利用系統。

自 1998 年創業至今約 20 年，Google 成長為資產約 18 兆億日圓的企業。

支撐企業急遽成長的谷歌人，每天都在使用並不斷改進 Google Apps。

而我們也有幸**免費**使用「純雲端」工具，即時安全地共用資訊，

在大力推行遠距辦公的現代，完全沒有不使用的道理。

據悉，**「雲端」**一詞在全世界廣為普及的契機，就是原 Google 執行長艾立克．史密特（Eric Schmidt）於「搜尋引擎戰略大會（Search Engine Strategies Conference）」上的發言[*20]。

雲端在全世界有不同的定義，而筆者我會如此定義：

雲端是指，經由網路線上服務存取個人檔案、共用資料的風格形式。

正因為不需要安裝更新軟體、儲存資料至手邊的電腦或者平板，而是透過**雲端上安全伺服器統一管理**，才能夠連結再利用所有資料，大幅提升工作效率。

---

[20] 資料來源：「艾立克．史密特於搜尋引擎戰略大會的對話」Google 新聞中心 2006 年 8 月 9 日 https://www.google.com/press/podium/ses2006.html（訪問日期：2020 年 10 月 18 日）

而且，Google 的資安防護具有世界最高水準，不需要擔心遺失、毀損的問題，隨時隨地都可迅速找到相關資料。由於可在最佳時間點與夥伴協作，所以能夠實現 10 倍的效率。

只要體驗過一次 Google 的純雲端服務，相信你就再也回不去了。
至少自 2006 年艾立克．史密特提出「雲端」以來，Google 就持續摸索、改進雲端的解決方案。因此，Google 足以用「純雲端原生」來形容。
Google 的雲端科技並非一再擴建的建築物，而是起初就朝向單一目的所設計、具有一貫性的建築物。

❷ 高性能的搜尋功能

Google 原本是「搜尋引擎」公司，具備優異的搜尋功能。相較於以前僅可檢索「檔案名稱」，存於 Google 雲端硬碟的所有檔案都能夠「全文檢索」了。
全文檢索帶來的效果驚人，**可以在短短一分鐘發現過去花了一個小時也找不到的檔案**。
透過 OCR（光學字元辨識：Optical Character Recognition）技術，只要將檔案存至雲端硬碟，就能夠讀取 PDF、圖片檔中的文字，檢索找到目標檔案。
如下頁**圖表 2-12** 所示，筆者試著檢索「運動会」，結果在雲端硬碟中找到兩個檔案。
這兩個檔案，筆者完全沒有印象、從檔案名稱也不覺得含有「運動会」，但卻能出現在檢索結果，實在令人感到驚豔。
想要檢索網頁、文章中的文字時，可以在 Windows 系統按下**〔Ctrl〕＋〔F〕鍵**；在 Mac 系統按下**〔command〕＋〔F〕鍵**。
在彈出的檢索方塊中輸入「運動会」，經過不到 1 分鐘就從多達 92 頁的 PDF 資料中，找到第 23 頁的 1 處出現該文字列。

另外，雲端硬碟是可共用的檔案儲存空間。

換言之，除了自己過去製作的檔案外，同事、主管過去製作的共用資料，全部可再次當作檢索對象進行搜尋（也可如**圖表 2-13** 以關鍵字和檔案的「擁有者」進階搜尋）。

圖表 2-12 Google 雲端硬碟也可全文檢索 PDF、圖片檔

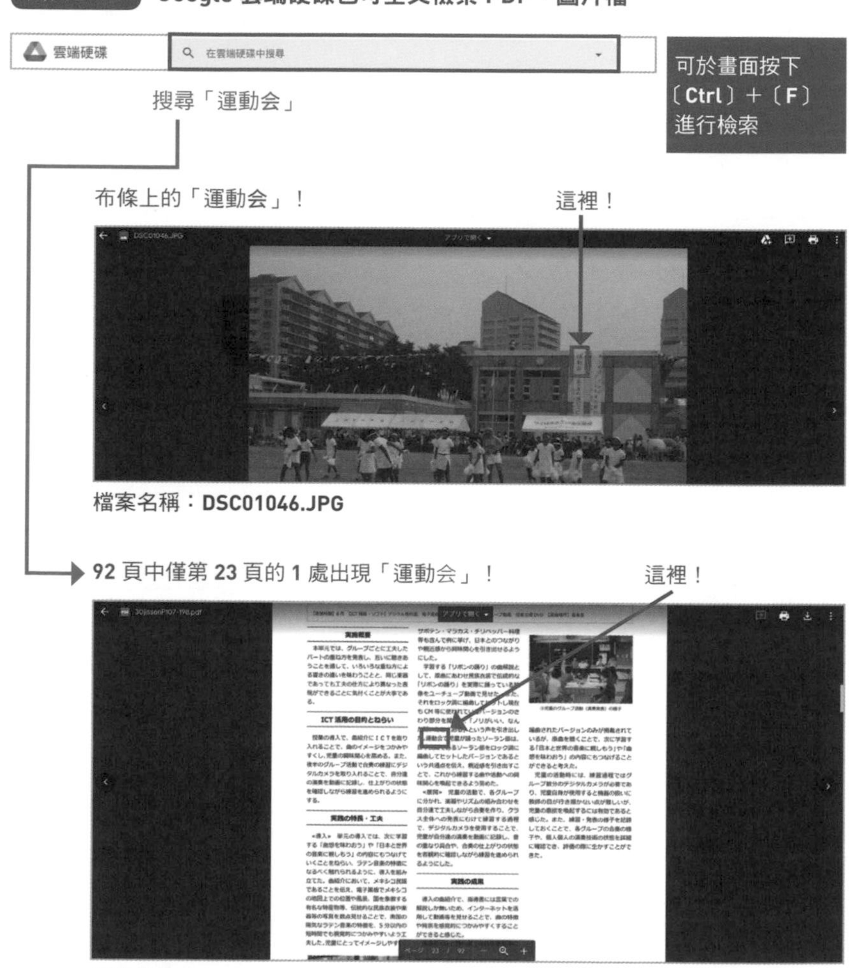

圖表 2-13 以雲端硬碟檢索，秒速取得相關資訊

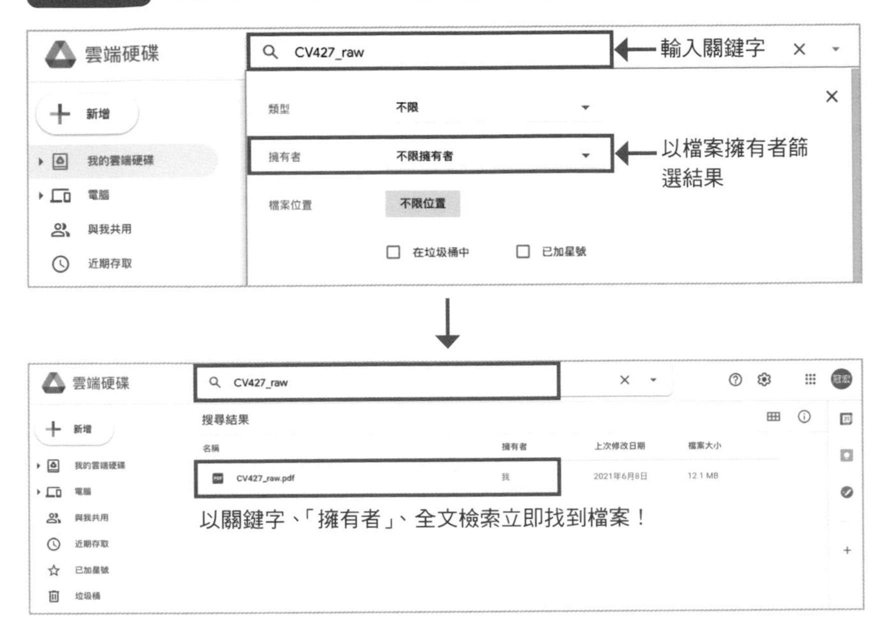

在許多公司，很多業務都是由單一負責人處理。

我們不可能隨便翻找同仁的辦公抽屜。然而，只要透過 Google 雲端硬碟「共用」管理，相關人員就可不受限時間地點找到必要資訊，省去每次詢問「那份資料放到哪去了？」省去花時間翻找交給對方的麻煩。

當然，製作檔案並上傳至雲端硬碟的「擁有者」，有權限決定與誰共用檔案、共用多久的時間。郵件的附加檔案最後無法掌握行蹤，但雲端硬碟共用的檔案永遠不必放棄所有權。

在關鍵時刻賦予必要的存取權限，允許相關人員存取自己持有的資訊（資料），能夠提高所有相關人員的生產力。

這就是非常重要的「共用（分享）」概念。

❸ 資安防護具有業界最高水準

就算不花一毛錢、再怎麼方便，將所有資訊託付給 Google 並設定與他人共用，在資安防護上真的沒有問題嗎？有些人或許會對此感到憂心。

身為雲端服務的先驅者，Google 十分理解資安防護對雲端模組的重要性，一直反覆研擬對策、檢驗測試，每年都會在官網公開「Google 資訊安全白皮書[21]」，2019 年版白皮書（PDF 版）的內容多達 17 頁。

由這份資安白皮書可知，在公司內部的運用、教育體制與防護技術、數據管理體制等，Google 十分審慎注意各方面的資安對策。

另外，雖然鮮為人知，但 Google 僱有 700 位以上的資訊安全工程師，發表了超過 160 份資安相關的研究論文[22]。

從獨家設計的資料中心、伺服器到海底光纖纜線，Google 採用了全世界最安全、信賴性最高的設備，其投資規模極為龐大，據悉**三年就挹注 294 億美元**[23]（約日 10 億台幣）。

Google 在日本方面的建設，2019 年於大阪完成繼東京後的第二座資料中心，一時蔚為話題。

Google 資安中心的內部樣貌，可由官方網站「About Google Data Centers[24]」觀看影片、圖像集（**圖表 2-14**），色彩繽紛的管線裡頭流動著冷卻設施的水。

---

[21] 資料來源：https://cloud.google.com/security/overview/whitepaper?hl=ja（訪問日期：2020 年 10 月 18 日）。

[22] 資料來源：引自 Google 合作夥伴資料。

[23] 資料來源：引自 Google Cloud 合作夥伴商務經理（當時）的山本圭，於 Google Cloud Next 2017 日本記者說明會（3 月 29 日）上的發言。

[24] About Google Data Centers https://www.google.com/about/datacenters/（訪問日期：2020 年 10 月 18 日）。

圖表 2-14 Google 資料中心

（資料來源：Google 官網 *24）

Google 10 倍工作術背後的共用「CCM」

若不是以雲端工作為前提，也就不會實現即時的資訊共用。因為不需再每次複製最新檔案分發給其他成員，而是經由雲端一直與所有成員「共用」，才得以實現即時共用的現代社會。

Google 是提出共用（分享）概念並全世界首度實現該概念的企業，根據各種資訊種類與特徵，交互使用多個應用程式。這是前所未有的新點子。

「如何改變團隊的工作方式？」

筆者手邊有一份以此為標題的資料。

但這份客戶參考資料 Google 只跟合作夥伴企業共用，所以無法在這邊公開。

對於如何重新審視工作方式，Google 建議結合 App 群集中管理資訊。這份資料舉出「溝通」、「協作」、「管理」上會用到的 App，除了將「管理」敘述成「經理」外，基本思維跟本書相似。為了方便向讀者介紹，簡化成圖表 2-15。

圖表 2-15　簡化的「如何改變團隊的工作方式？」

（資料來源：筆者改自 2020 年 2 月的 Google 限定公開資料）

- **溝通**（**C**ommunication）
- **協作**（**C**ollaboration）
- **管理**（**M**anagement）

本書取其三個字首統稱為**「CCM」**[25]。

長久以來，商務上需要溝通、協作、管理方面的技能。

然而，Google 的 CCM 不是使用傳統工具的舊式 CCM，而是**採用以遠距辦公為前提的新式 CCM，適用與新冠共存時代的新雲端工具與規則**，也就是本書闡述的多人用複合 App。

Google 資料的 CCM 各列舉了 5 ～ 10 個 App，而本書的 CCM 分別嚴選了 3 個 App，共計「9 個 App」（**圖表 2-16**）。

---

[25] 「CCM」並非 Google 官方的用詞。

圖表 2-16 **一次解決遠距辦公問題的 9 款 App**

煩惱	新 **CCM** 嚴選的 **9** 個 **App**
會議、面試、商談 （公司員工）	溝通（**C**ommunication） 「Google 日曆」 「Google Meet」 「Google Jamboard」
資料製作與確認修正 （公司員工）	協作（**C**ollaboration） 「Google 表單」 「Google 試算表」 「Google 雲端硬碟」
管理、培訓、指導 （公司員工、下屬的管理）	管理（**M**anagement） 「Google Classroom」 「Google 帳戶」 「Google Keep」

即便現在仍是遠距弱者，只需要運用僅僅 **9 個 App**，任誰都能夠解決遇到的煩惱。再加上前面已經介紹的 Google 簡報，這 10 個 App 將會帶領你前往沒有「IT 落差」的 10 倍效率世界

而且，這 **10 個 App 全部「免費」**！

你正處於一個知道的人與不知道的人逐漸拉開差距的世界。

那麼，下一章就來介紹 CCM 的第一棒打者「Google 的 10 倍溝通術」。行程管理 App **「Google 日曆」**、線上視訊會議 App **「Google Meet」**、數位白板 App **「Google Jamboard」**，只要掌握我們嚴選的三個 App，就能一步一腳印地邁向 10 倍效率的世界。

Column 1

Google 如何描述「創新」？

話説回來，你知道 Google 創辦人的名字嗎？
答案是賴利・佩吉（Larry Page）和謝爾蓋・布林（Sergey Brin）。
明明公司如此有名，卻鮮少有人能夠秒答出來，為什麼會這樣呢？
筆者認為這正證明了 Google 並非由單一天才，而是**由團隊的力量持續創新的公司**，有別於創辦人超級有名的蘋果、微軟。

筆者雖然知道創新一詞的辭典解釋，但仍舊沒有什麼概念。

Google 是怎麼描述創新的呢？
筆者在參加 Google Sydney 研習時，剛好有機會直接詢問當時擔任講師的谷歌人。
然後，她立即跟我分享 2011 年東日本大地震後，Google 前往受災區支援時的插曲。
當時，她的美國人上司嘴邊總是掛著這句話：
「東北地區需要創新！」
筆者能夠理解受災區需要「支援」，但為何他卻說需要「創新」呢？
身為谷歌人的她也感到不解，於是鼓起勇氣詢問，結果上司一臉「問得真好！」明快地答道：
「所謂的創新，就是在今天創造與昨天不同的明天。」
筆者聽到這句話後，感到當頭棒喝、醍醐灌頂。

為了想要實現的未來（10 倍效率），今天也要採取有別於昨天的方法繼續往前邁出一步。這樣想的話，感覺我們也有能力進行創新。

CHAPTER 3

Google 的 10 倍溝通術

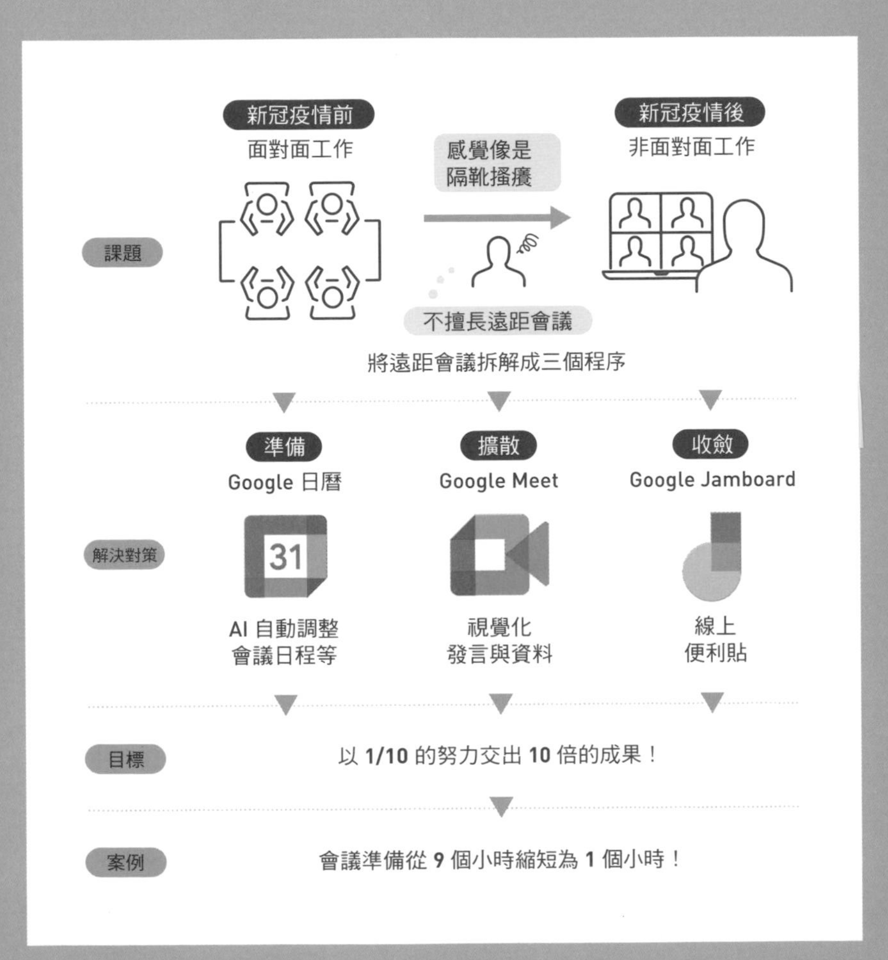

遠距會議是隔靴搔癢？

沒辦法當面看到想見的人、需要戴口罩才能夠進入店家，由於新冠病疫情的影響，社會迎來誰做夢也沒有想到的日常。
多數商務人士被迫隔著螢幕溝通交流，即便採取遠距辦公，也需要展現跟以前一樣的生產力。
其中，最令人頭疼的當屬「遠距會議」。
筆者身邊許多人也認為遠距會議比面對面會議還要累人。
那麼，遠距弱者最大的煩惱是什麼？
簡單說就是，隔著靴子搔癢卻沒有止癢。

（因為隔著螢幕）「難以捕捉與會者的反應。」
（因為不是面對面）「難以統合大家的意見。」
（因為不需要移動）「會議次數增加，但內容不充實。」

如果想要支援輔助下屬、引領整個團隊達成目標，經理人得想辦法跳脫遠距弱者的思維。

本章的目標是**以 1/10 的努力交出 10 倍的成果**。
為此，試著稍微拆解會議程序。
該如何拆解呢？會議可細分成三個重要程序。

「準備」→「擴散」→「收斂」

其實，這個程序跟 **Google 實現 10 倍效率的程序**相同。
因此，下面就來介紹前面沒有明講，**會議程序與 Google 實現 10 倍效率的程序有什麼關係**。

為什麼會議程序與實現 10 倍效率的程序相同呢？

如今愈來愈多人知道，**「10 倍成長思維」是 Google 成功背後的秘密**。然而，Google **實現 10 倍效率的程序**卻幾乎沒有人曉得。

在 Google 研修使用有的簡報當中，有一份簡報的標題是**「實現 10 倍效率的三個步驟」**。

其實，筆者也是 2017 年參加 Google Sydney 研習，才首次知道**實現 10 倍效率的三個步驟**，深深為之感動。**圖表 3-1** 是根據當時的英文簡報，修改製作的內容。

圖表 3-1 以三個步驟進行的設計思考（Design Thinking）[26]：Google 構築創新文化的方法

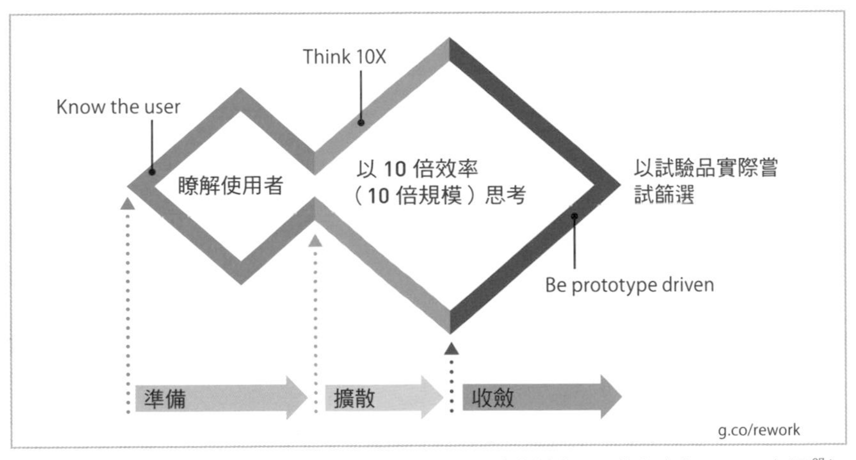

（資料來源：筆者改自 Google 官網[27]）

26 針對創新程序中相當重要的創造性思考，Google 以設計思考作為一種指導團隊、個人的方法。

27 資料來源：https://rework.withgoogle.com/blog/new-re-work-guides-on-innovation/（訪問日期：2020 年 10 月 18 日）。

10 倍效率可以透過以下三個步驟實現：

❶ **準備（瞭解使用者）**
❷ **擴散（以 10 倍效率〈10 倍規模〉思考）**
❸ **收斂（以試驗品實際嘗試篩選）**

首先，在步驟❶**準備**，需要確立為什麼（為誰）訂定 10 倍的目標（Google 選擇以「使用者」作為創造 10 倍幸福的對象）。
接著，在步驟❷**擴散**，訂定如同「登月目標」的遠大目標。
最後，在步驟❸**收斂**，迅速製作判斷正確性、可行性的試驗品，根據現實情況進行篩選。沒有實際付諸行動的話，都只是「紙上談兵」而已。

如上所述，實現 10 倍效率的程序，其實跟會議的**「準備」→「擴散」→「收斂」**完全一樣。
那麼，下面就來介紹這三個步驟所對應的三個嚴選 App。

大幅改善遠距會議的三個 App

以下三個 App 可大幅改善遠距會議的問題：

準備：〔Google 日曆〕

Google 日曆是行程管理 App，能夠直接於瀏覽器製作、編輯預定活動。

Google 的 AI 會自動調整所有預定參與人的日程，非常方便。
即便沒有詢問每個人、比對有空的日期時間，AI 也會「視覺化」列出候補的日程。
除此之外，**出缺席管理、會議資料分發、事前提醒等全部自動完成**，只需要使用 Google 日曆就能夠搞定一切。

擴散：〔Google Meet〕

市面上有許多遠距會議 App，Google Meet 是 Google 公司提供的雲端服務。
Google Meet 最大的優勢在於**開會的設定非常輕鬆**。
若使用 Zoom 的話，主辦人每次設定完後還得寄送邀請郵件，受邀人也得從以前的郵件、訊息一一尋找開會通知。
就這點而言，**Google Meet 非常輕鬆，只要在 Google 日曆上〔預定行程〕新增會議出席人就完成了**。
除了會自動寄送邀請郵件外，對方的 Google 日曆也會自動新增行程。
開會當天，出席人可從日曆的〔預定行程〕、Meet 的首頁畫面或者會議連結網址進入會議，**主辦人、受邀人不用尋找超連結網址，完全不會手忙腳亂**。

僅有 Google Meet 也能夠遠距會議，但想要成為遠距強者的話，還得結合功能強大卻鮮少人知道的**「Google Jamboard」**。

收斂：〔Google Jamboard〕

Google Jamboard 是 Google 的**商用數位白板 App**，只要擁有 Google 帳戶就能夠免費利用的優秀應用程式。

Jamboard 容量不大、反應快速，是深得我信任、精明幹練的經營顧問強烈推薦的應用程式，可以如同使用傳統白板的感覺，在名為〔畫板（frame）〕的畫面上手寫筆記、塗鴉。

另外，Jamboard 也可如同便利貼黏貼，營造即便離開座位，會議參與人也容易繼續拋出點子的環境。

由於能夠透過各種終端設備即時共用內容，可發揮超過面對面會議的效率。

那麼，遠距強者會如何結合這三個強大的 App 武器呢？

首先，先來討論**準備程序**。

1

準備程序

「Google 日曆」全部自動管理！

開始會議前需要**調整日程**。

以前，只要當面溝通，馬上就能夠完成日程調整。

然而，在遠距環境下，日程調整、出缺席管理需要頻繁的郵件往返，許多人肯定為此感到焦躁不安。

現在這問題有解了。

從今天開始我認為：**遠距會議的事前調整比當面會議更加輕鬆**。

以下就來示範怎麼使用 **Google 日曆**，自動解決惱人的會議調整。

嗯？不曉得怎麼連結至 Google 日曆？

Google 的 App 可直接於瀏覽器上使用，請遵照下述步驟操作看看。

開啟 Google 的 App

在上一章中，介紹了直接於 Chrome 瀏覽器的網址列輸入 URL，立即顯示 Google 簡報新增文件畫面的超速技巧，而這邊要介紹的是從〔**Launcher**〕開啟 App 的方法。

這個方法只需要點擊開啟，非常簡單。

從 Gmail、Google 搜尋等 Google Apps 的畫面，只需要點擊某個地方就可連結至日曆。

該點擊什麼地方呢？

點擊畫面右上角如同魔術方塊 ™ 的九宮格，這稱為 App 的〔Launcher〕。

圖表 3-2 由〔Launcher〕（App 清單）開啟應用程式

〔Launcher〕意為火箭的發射台，如同發射火箭般陸續於其他分頁開啟 App。

〔分頁〕是指，如**圖表 3-2** 畫面左上角耳垂狀的〔新分頁〕。點擊〔分頁〕可切換畫面，不斷虛擬展開作業空間。

一起使用 Google 日曆調整開會日程吧！

即便不詢問本人也可完成日程調整

使用 Google 日曆後，**點一下就能夠「視覺化」其他成員的預定行程**。

當然，並不是隨便就能直接查看對方的預定行程。

免費的 Gmail 帳戶之間[28]得先進行**共用設定**才行。

[28] Google Workspace 的用戶基本上是預設共用公司成員的預定行程。

首先要請求對方允許「共用」Google 日曆。對方能夠設定允許查看活動的詳細內容，或是僅能夠知道是否有預定行程。

允許共用

對方該怎麼「允許」與你共用呢？

請對方開啟 Google 日曆，查看畫面的左側選單（**圖表 3-3**）。

〔我的日曆〕的下方能夠看到使用者的名字。

假設「小野崎麗子」準備和筆者共用 Google 日曆。

點擊名字右邊的〔⋮〕，依步驟 2 到步驟 5 的畫面設定。

圖表 3-3 Google 日曆的共用設定

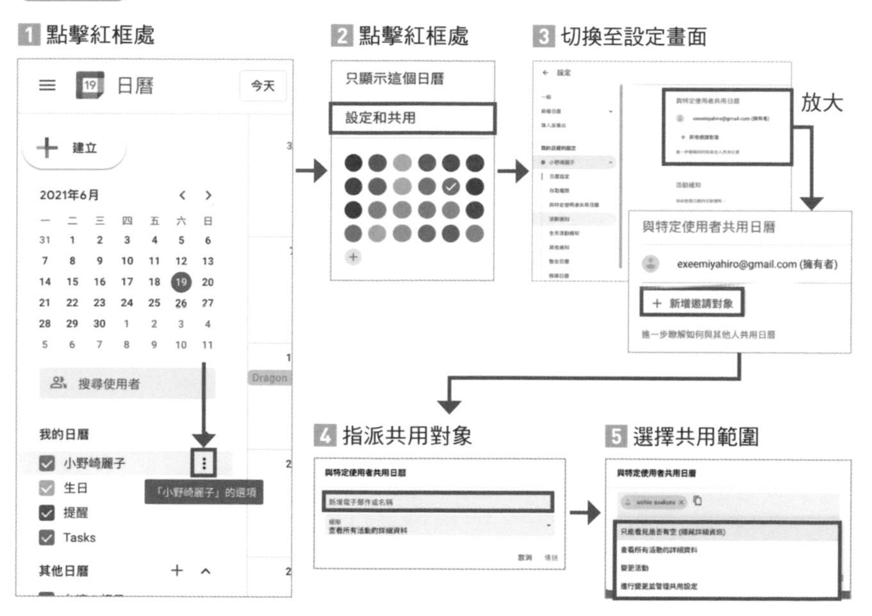

點擊步驟 2 的〔設定和共用〕，切換至步驟 3 的設定畫面，在〔與特定使用者共用日曆〕的畫面點擊「＋新增邀請對象」，於步驟 4 指派共用對象。

選擇欲共用對象的郵件地址、名字後，決定允許共用的權限範圍。如步驟**5**所示，權限共有四個種類，選取〔只能看見是否有空（隱藏詳細資訊）〕共用 Google 日曆上的預定行程。

一經允許共用後，就可隨時在必要的時候確認彼此的行程，尊重對方的時間安排。

AI 調整會議日程

然後，該怎麼將日程調整交給 Google 日曆進行呢？

如**圖表 3-4** 所示有三個步驟。步驟**1**：會議的主辦人由〔Launcher〕**「開啟」自己的 Google 日曆**；步驟**2**：**「製作」**預定行程，在日曆上點擊適當的日期新增〔預定行程〕，輸入會議的標題名稱，如鍵入**「10 倍效率 MTG」**。

圖表 3-4 Google 日曆的基本操作

31 日曆的三個步驟

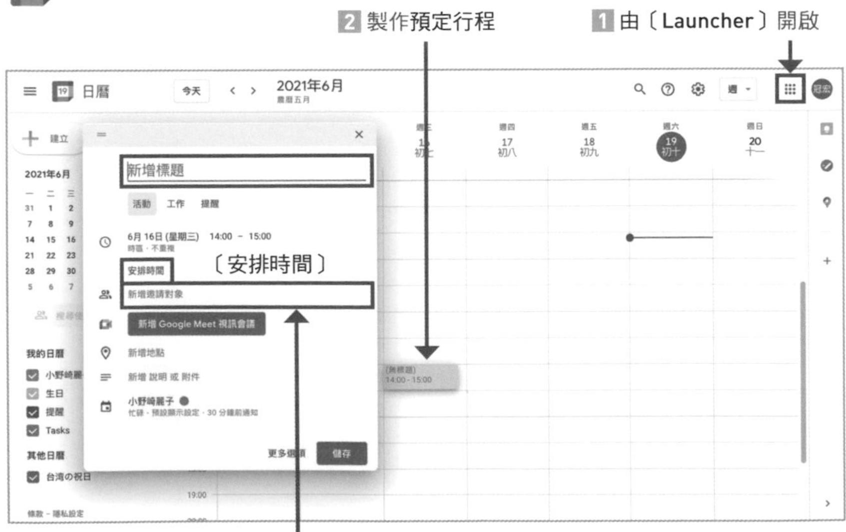

步驟3：選擇〔新增邀請對象〕**共用**，於〔**新增邀請對象**〕欄輸入郵件地址、名字增加會議的「參與人」。

選擇〔新增邀請對象〕後，正上方的〔**安排時間**〕會反白突顯成藍色。點擊該按鈕後，Google 日曆 AI 就會尋找邀請對象有空的時間。

圖表 3-5 AI 視覺化對方的預定行程

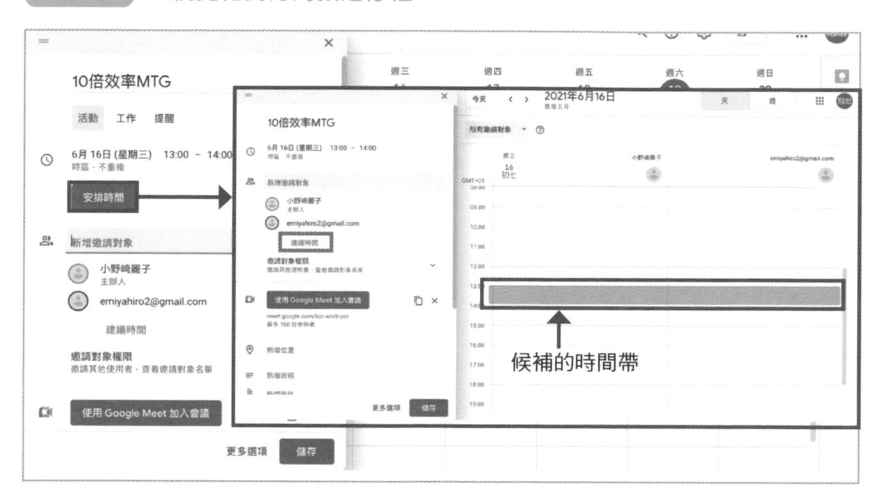

如**圖表 3-5** 所示，候補的時間帶在日曆上反白成灰色，正好是對方沒有安排活動的時間。點擊按住灰色帶能夠拖移至喜歡的地方。

另外，在〔建議時間〕中，AI 會列出候補清單（參見綠色方框）。

決定好會議時間後，點擊〔儲存〕完成日程調整了。

登錄的同時會彈出是否通知邀請對象的確認對話框，若選擇〔傳送〕的話，Google 日曆會自動寄出通知郵件（省去另外開啟郵件軟體撰寫的工夫）。每次更改行程內容，都會彈出是否通知的確認對話框。

開會通知與出缺席聯絡也是點一下就完成

這樣就完成會議設定了。

由於選擇了沒有安排活動的日程，對方應該能夠參加才對。

然而，仍舊需要等待對方回覆是否出席。

過去是以郵件、電話、傳真回覆是否出席，如今只要在 Google 日曆上**點一下就完成**。團隊成員不妨以此為契機，向郵件的「往返」說掰掰。

圖表 3-6 「邀請對象」的日曆會自動新增〔預定行程〕，點一下就完成出缺席聯絡

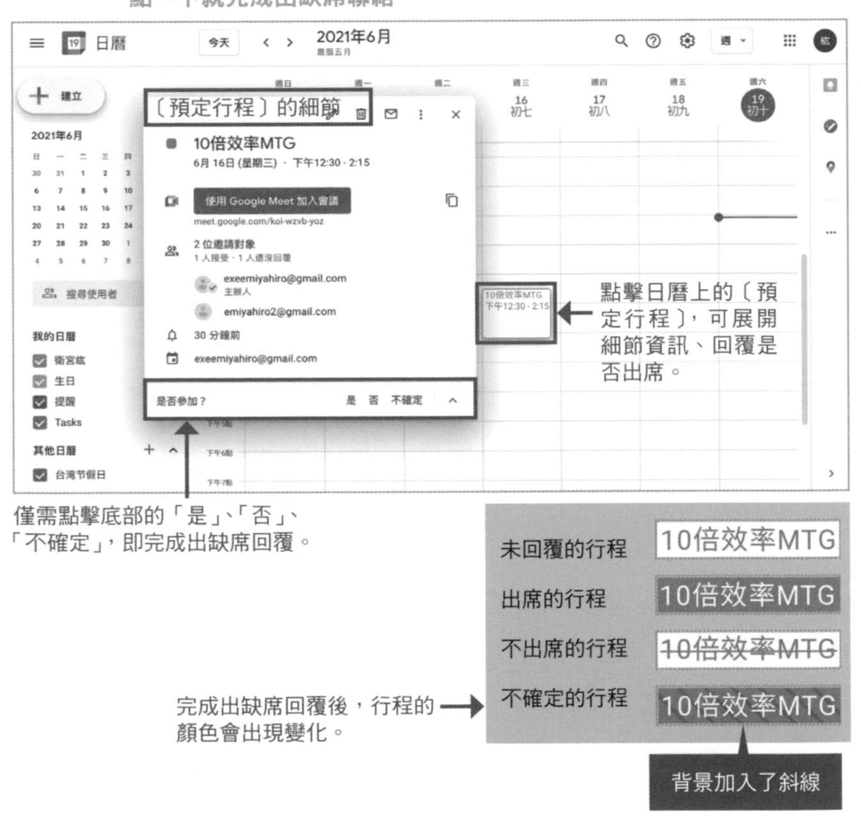

「主辦人」在自己的 Google 日曆登錄會議的〔預定行程〕後，**邀請對象的 Google 日曆也會立即同步，顯示相同的活動內容**。

然後，尚未回覆是否出席的〔預定行程〕，會如**圖表 3-6** 的「未回覆的行程」顯示白色背景。點擊展開〔預定行程的細節〕並回覆出缺席後，〔預定行程〕會顯示成不同的背景顏色。

主辦人、**「所有參加成員」都可點一下完成，大幅節省雙方的時間**。

另一方面，邀請對象會收到通知郵件。

沒有 Google 帳戶的參與人無法使用 Google 日曆，但能夠從電子郵件回覆是否出席。此時，同樣也是選擇郵件內容中的「是」、「否」、「不確定」，點一下就完成出缺席回覆。

圖表 3-7 從 Google 日曆的自動通知郵件也能夠回覆是否出席

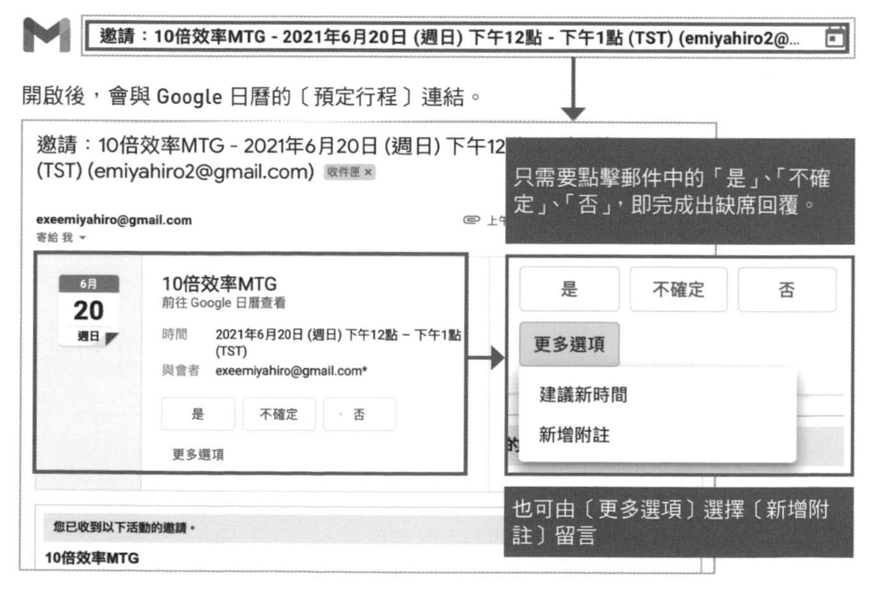

另外，點擊〔更多選項〕後，可選擇〔新增附註〕輸入「會晚 10 分鐘到」等留言，或者向主辦人〔建議新時間〕(**圖表 3-7**)。不過，這些需要先登入 Google 帳戶才能夠利用。

過去，主辦人得用 Excel 彙整出缺席名單作成清單，再列印出來於會議當天分發給參與人。

若使用 Google，邀請對象本人的日曆行程會顯示出缺席清單，能夠即時共用自己與所有會議邀清對象的狀態。從智慧手機也能夠掌握最新資訊，完全不需要列印出來。

請各位查看**圖表 3-8**。

對於尚未回覆是否出席的成員，主辦人想要寄送提醒郵件時，也可從 Google 日曆的〔預定行程〕點一下完成，就直接寄送給預定行程「不確定」的成員，可節省許多時間。收到聯絡的邀請對象，也可由智慧型手機、電子郵件馬上回覆。

圖表 3-8 「主辦人」的 Google 日曆會自動彙整出缺席名單

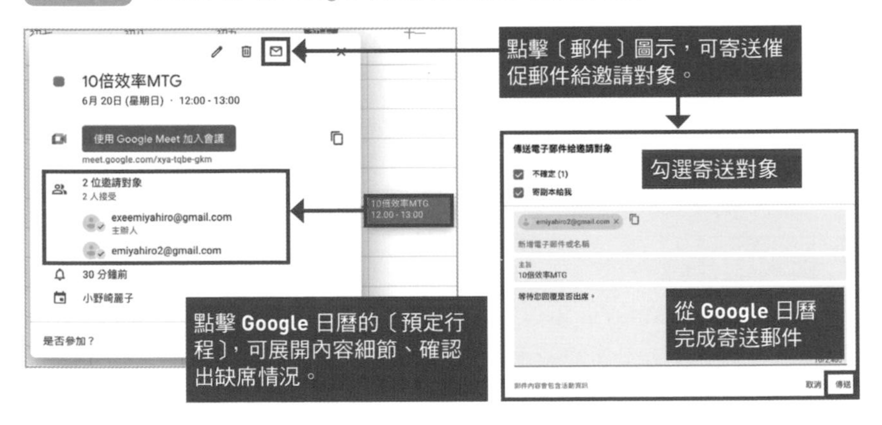

以此方式不會增加彼此的負擔，**一下子就實現 10 倍效率**。

即便公司內部會議必須更改日程，也不必以郵件、電話聯絡參與人，只要規定「直接由 Google 日曆更改日程，再點擊傳送通知郵件」，就可快速地節省所有人的時間。

在變更的通知郵件，可說明更改規定的理由。

規定不要做什麼事情也很重要。

許多人平時就有使用 Google 日曆吧？
請務必實際試試由自己的日曆邀請其他人。
在雙方都處於遠距環境下，正是提議以 Google 日曆處理業務的絕佳時機。
Google 日曆還有很多簡化業務的功能，例如資料分發、會議連結通知等，以下就來介紹如何使用這些輕鬆便利的功能。

不需要分發資料、通知會議連結

自動寄送邀請郵件給參與人，也陸續收到成員的出缺席聯絡後，要做的事情就只剩下共用資料和通知開會地點。
需要通知會議連結的遠距會議，得先開啟線上會議系統產生連結網址，再另外以郵件等方式通知。
然而，使用 Google 就**不需要通知會議連結**，直接在 Google 日曆的**〔預定行程〕新增「邀請對象」，Google Meet 的會議連結會自動加進全員的預定行程當中**。

開會當天，**自己日曆上的〔預定行程〕肯定有會議連結**，馬上能夠找到。
這是 Google 日曆與 Meet 資料連結才得以實現的招式，你什麼事情都不用做，Google 就會自動共用資訊給所有連結的對象。

圖表 3-9 以 Google Meet 進入預定參加的會議

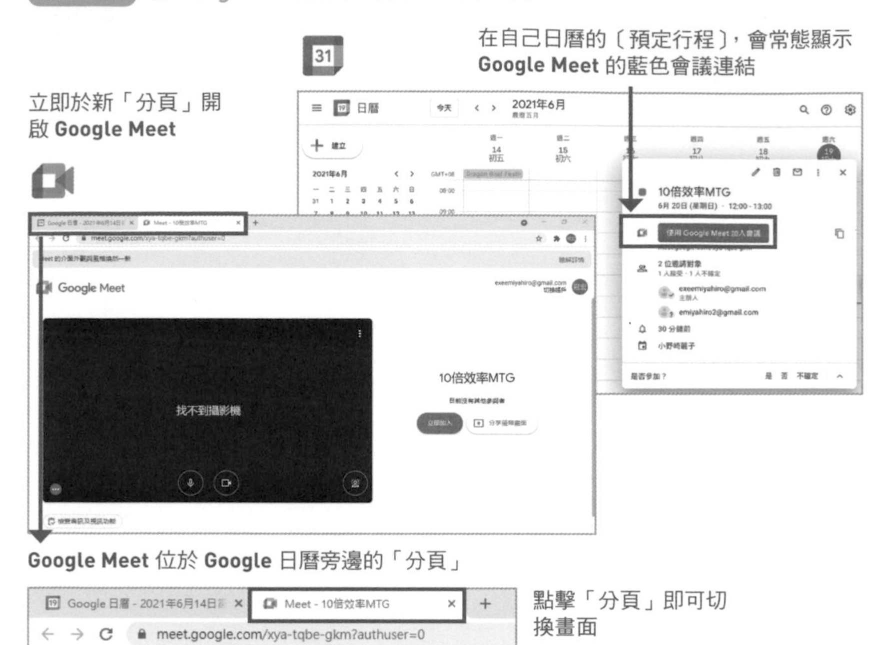

然後，如**圖表 3-9** 所示，點擊藍色的 Google Meet 會議連結，馬上就會自動切換至 Google Meet 的畫面。查看畫面上方的「分頁」，會發現 Google 日曆的右邊開啟了 Google Meet，根據需要點擊「分頁」切換畫面。

另外，Google 日曆的**〔預定行程〕可添加所有會議資料**，想要新增資料至已經登錄的〔預定行程〕，可點擊詳細活動上方的〔鉛筆〕圖示，展開〔編輯活動〕的畫面（**圖表 3-10**）。

編輯活動的底部可新增說明、資料，點擊「迴紋針」圖示選擇附加檔案。

圖表 3-10　對 Google 日曆的〔預定行程〕添加會議資料

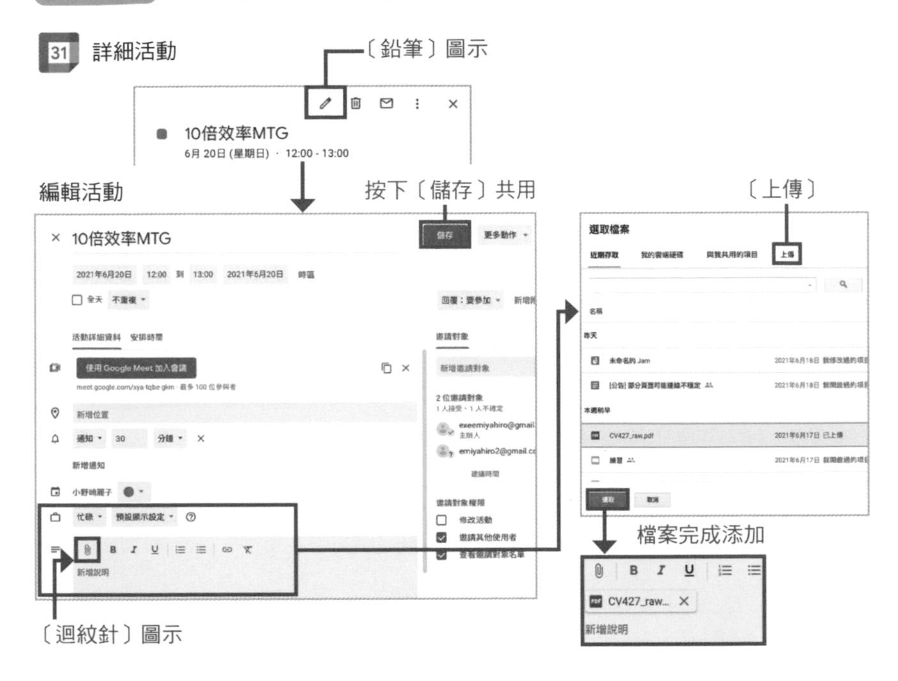

點擊選單中的〔近期存取〕〔我的雲端硬碟〕，可添加 Google 帳戶連結的雲端硬碟檔案；點擊〔上傳〕可上傳存於數位裝置的檔案。

選擇列出的檔案、再點擊〔選取〕的藍色按鈕，檔案便會加進〔預定行程〕當中。

僅需要依照指示點擊，操作上一點都不困難。點擊畫面右上角的〔儲存〕按鈕後，可與所有邀請對象共用添加的資料，彙整所有會議需要用到的檔案。

這項功能也是多虧 Google 日曆與雲端硬碟，以 Google 帳戶無縫資料連結的成果。檔案需要特別注重資安防護，即便共用至 Google 日曆的〔預定行程〕，也應該確認該檔案是否適合共用，這個部分可交由 Google 自動化處理。

圖表 3-11 由 Google 日曆直接設定共用檔案

Google 日曆可像這樣直接設定共用檔案（**圖表 3-11**）。

而且，即便在開會前一刻才更改、註解已添加的檔案，你也不必另外更新處理，「邀請對象」便會立即「同步」檔案，隨時都能夠閱覽最新資訊。根據 Google 的調查，從共用對象更新資料到實際反映至自己的畫面，其所需時間整整縮短了 98%[29]。

Google 的 AI 與機器學習

雖然這麼問很唐突，但你對 AI 有什麼樣的想像呢？

令人驚訝的是，在學術上仍舊沒有明確定義 AI。Google 開發的 AI「AlphaGo」，成功擊敗了當時圍棋界的頂尖棋士。然而，Google 將搭載於 App 的「AI」刻意稱為**「機器學習」**。

[29] 資料來源：Principled Technologies 公司製作的「Google 文件與 Microsoft Word Online」https://lp.google-mkto.com/rs/248-TPC-286/images/Principled-Tech-G-Suite-Collaboration-Paris.pdf（訪問日期：2020 年 10 月 18 日）。

機器學習會先蒐集眾多案例，從中找出解釋案例的模式規則。然後，再根據該模式規則預測新的案例。

管理郵件、設定格式、版面配置、製作圖表等，Google 將這些大幅降低生產力的雜務時間稱為**「Overhead（間接負擔）」**。這種間接負擔存在於各個角落。

根據麥肯錫[30]的調查，2016 年商務人士用於重要業務的平均時間從 46%減少為 39%[31]。

改善這種狀況的正是**機器學習**。

前面的 Google 簡報、日曆等免費的 App，也紛紛加入了機器學習功能。除了上一章「能夠理解單字、文章脈絡」的語音輸入外，2017 年 Gmail 實裝的**「智慧回覆」**功能也是具有代表性的進化。

智慧回覆是機器學習日常的郵件內容，自動提示三種建議的回覆內容，**需要視對象修改文句的創作部分由人撰寫，其餘的定型文句則交由機器代勞**。Gmail 已經具備這樣的功能（當然，郵件並未遭到外洩，還請各位安心使用）。

在往後 10 年之間，AI 創造的經濟效果預計會升至 13 兆美元。麥肯錫的調查指出，完全導入 AI 科技的企業現金流量有望直接變成 2 倍；未導入 AI 科技的企業可能會減少 20%[32]。

何不先使用 Google Apps 標準配備的機器學習，讓自己慢慢習慣 AI 科技呢？

---

30 麥肯錫（McKinsey & Company, Inc）是總部設於美國的大型顧問諮詢公司。

31 資料來源：〈社會經濟：社交科技的價值與生產力的提升〉https://www.mckinsey.com/industries/technology-media-and-telecommunications/our-insights/thesocial-economy（訪問日期：2020 年 10 月 18 日）。

32 資料來源：「模擬 AI 對世界經濟造成的影響」https://www.mckinsey.com/featured-insights/artificial-intelligence/notes-from-the-ai-frontier-modelingthe-impact-of-ai-on-the-world-economy（訪問日期：2020 年 10 月 18 日）。

擴散程序

2 顧客滿足 No.1「Google Meet」的 10 倍效率會議

你知道面對面的會議和遠距會議，其差異性會對與會者帶來什麼重大的影響嗎？

答案是：**「眼睛所見的景象不同」**。

遠距會議與會者所獲得的視覺資訊，會受限於各自的螢幕大小，在這極為有限的範圍裡，當然無法看見如同過往的景象。這可說是遠距會議最大的問題。

然而，Google 的網路會議 App**「Google Meet」**輕輕鬆鬆就克服了這個問題，漂亮奪得「J.D. Power 2020 年網路會議系統顧客滿意度調查」的第一名。

市面上還有其他網路會議 App 的選擇，例如：Zoom、Team 等，而 Google Meet 的優勢在於能夠密切連結其他的 Google 服務。

另外，如同 Google 提供的其他服務，Google Meet 在設計、建構、運用上也非常講究安全性，可靠的**品質與信賴性**具有極大的魅力。

2020 年 1 月後，Google Meet 的全球每日利用人數成長超過 30 倍，最終突破 1 億人。2020 年 4 月全球利用總時數每日超過 30 億分鐘，全球每日約增加 300 萬位使用者，系統的穩定性仍舊遙遙領先，完全不為所動。

Google Meet 為因應新冠病毒暴增的線上會議需求，迅速改進了各種功能，如強化分組討論室（Breakout Room）與管理、自動消除雜音、模糊背景保護個人隱私等等。Google Meet 今後也預計新增「子母畫面（Picture-in-picture）」的功能，在共同編輯 Google 文件、試算表時，可邊作業邊看見參與人的表情，實現更簡便的協同合作、將時間花在最重要的事情上、培養與他人的連結。

那麼，下面就從連結 Google Meet 開始討論。

沒有 Google 帳戶的情況

如果沒有 Google 帳戶的話，可點擊主辦人以郵件、通訊軟體等傳送的〔**會議代碼**〕https://meet.google.com/xxxxx。

開啟 Google Meet、輸入名字並點擊〔要求加入〕後，會切換至要求加入的畫面(**圖表 3-12**)。會議主辦人接受要求後，立即就能夠加入會議。

擁有 Google 帳戶的情況

擁有 Google 帳戶的使用者，建議使用 Google 日曆加入會議。

圖表 3-12　參加 Google Meet ／接受參加

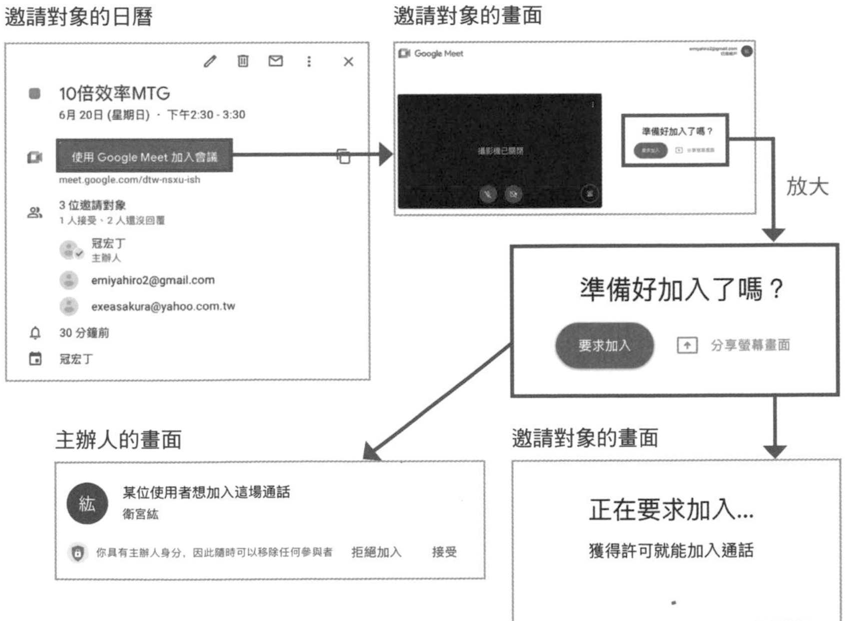

僅需開啟自己日曆的預定行程，**點擊〔使用 Google Meet 加入會議〕的藍色按鈕**，就能夠參加會議（前頁圖表 **3-12**）。
遠距會議的成功關鍵在於，如何讓參與人主動發言討論。Google 在這方面下了什麼工夫呢？
以下分享筆者在國外 Google 辦公室的體驗。

Google 讓大家踴躍發言的秘訣

在棒球場上內外野手「互相顧慮」而漏接高飛球的場景，不也常發生在遠距會議上嗎？
在互相顧慮不發言的過程中，會愈來愈難說出想要說的話。正當自己準備發表意見時，看到別人先開口便趕緊吞回肚子，是相當常見的情況。
其實，真正的遠距強者會幫助所有成員建立**心理安全感**。
心理安全感是指，**每個人沒有恐懼、不安，能夠放心發言、行動的狀態**。其實，Google 的研究團隊也提出「想要提升團隊的表現，必須提高心理安全感」的看法[33]。
2017 年 12 月，筆者參加 Google Sydney 合作夥伴企業限定研習，剛踏進國外的 Google 會議室，整個人便倒抽一口氣，深感遺憾無法展現那壯觀的會議室給各位觀看。
會議室的牆壁胡亂塗著粉紅、黃色、綠色、藍色的油漆，桌上也到處是油漆噴濺的痕跡，牆邊角落還刻意留著沾滿油漆污漬的工作服。

[33] 資料來源：Google re:Work 指引〈瞭解「何謂有效團隊？」〉https://rework.withgoogle.com/jp/guides/understanding-team-effectiveness/steps/introduction/（訪問日期：2020 年 10 月 18 日）。

場面壯觀得令人無法恭維，這樣的室內設計有什麼意圖呢？
其實，這正是 Google 建立心理安全感的秘技。
透過該環境孕育 Google 所重視的創新，傳達**「繼續弄髒也好，不斷失敗也罷」**的訊息。
這個強烈的訊息可產生心理安全感，促進會議上熱切地互相發言。遇到不懂的的地方就不斷發問，與日本「識相閉上嘴巴」的企業文化**完全相反**。
Google 有效地利用了人類的**視覺**。
在今後的遠距辦公環境上，領導人、經理人得瞭解並運用視覺效果，緩和成員的不安，提高心理安全感。

使用即時通訊功能「往返」

聲音宏亮的大叔一直講話，會讓旁邊的年輕員工畏縮不作聲。
Google Meet 的**即時通訊功能**可大幅改善這種情況，這項功能可**視覺化**各自的發言。
點擊 Meet 畫面右下角的〔對白框〕圖示，於右側開啟即時通訊（下頁**圖表 3-13**）。

「光看視訊畫面說話就忙不過來了，哪有餘力再去關心即時通訊啊。」
讀者不這麼認為嗎？
其實，比起單純說話的資訊共用，即時通訊功能更能夠消化資訊。而且，通訊內容也會留下文字，非常方便。

圖表 3-13 由 Google Meet 右下角的〔對白框〕圖示開啟即時通訊畫面

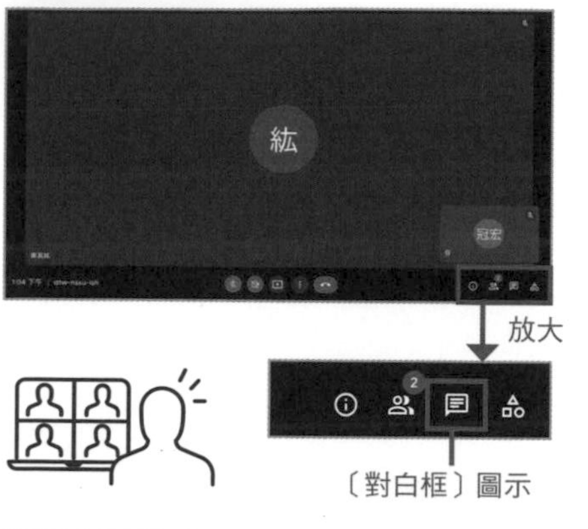

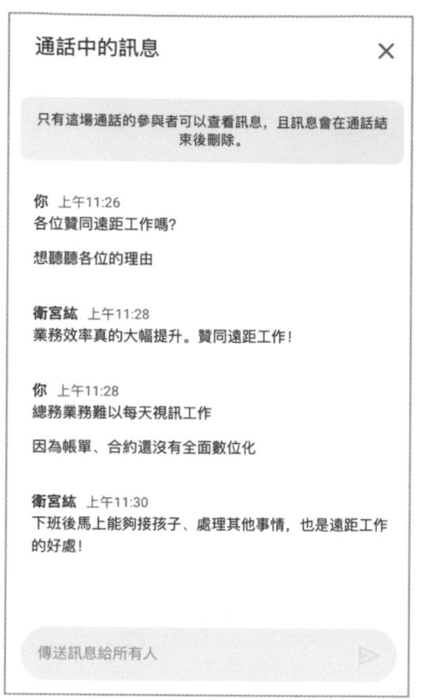

除了看著視訊畫面發言外，也可透過「即時通訊」傳送訊息，提高 **10** 倍生產力！

邊視訊會議邊即時通訊的優勢：

- 可瞭解對方的反應。
- 可迅速將想法轉為語言，「在全員腦中視覺化」。
- 比起只有聽聞，更有當事人的感覺。

藉由「即時通訊」，可輕鬆跨越遠距辦公的籓籬，更有效率地遠距開會。

遇到下述三種情況，建議使用即時通訊：

> ❶ **需要不斷拋出意見、想法時**
> ❷ **需要即時共享、深化他人發言時**
> ❸ **需要有節奏地雙向溝通時**

除了「即時通訊」外，遠距會議還可以「分享螢幕畫面」，請記住這些招式。

分散異地也可「分享螢幕畫面」視覺化資料

多虧即時通訊的功能，建立了良好的會議氛圍。

成員們也能陸續提出各式各樣的資訊。

當在會議上談到前陣子統計的問卷調查結果，若是以前的會議形式，負責人會說：「我去拿那份資料。」走回自己的辦公桌，影印數份後分發給所有人。

然而，遠距會議沒有辦法這樣做。

透過郵件附加檔案分發新增資料嗎？

若僅有口頭敘述，發言會宛若「空中交戰」缺乏說服力。

這邊就輪到**「分享螢幕畫面」**出場了。

直接將自己的畫面「展示」給所有參與人。

習慣分享螢幕畫面的功能後，**在面對面會議也意外地非常有幫助**，不需要移動座位就能查看自己或者對方的畫面。

如下頁**圖表 3-14** 所示，分享螢幕畫面只需要四個點擊步驟，習慣後不到一分鐘便能夠開啟。

順便一提，根據某企業調查在不同作業系統下的情況，Google Meet 開啟分享螢幕畫面僅需要 1.3 ～ 2.1 秒，整整比其他工具縮短了 91%的時間[34]，而且沒有延遲的問題。

---

[34] 資料來源：Principled Technologies 公司製作的「Google 分組討論室與 Skype for Business 的比較」（第 3 頁）https://lp.google-mkto.com/rs/248-TPC-286/images/Principled-Tech-G-Suite-Video-Conferencing-Paris.pdf（訪問日期：2020 年 10 月 18 日）。

圖表 3-14 跟對方分享自己的畫面

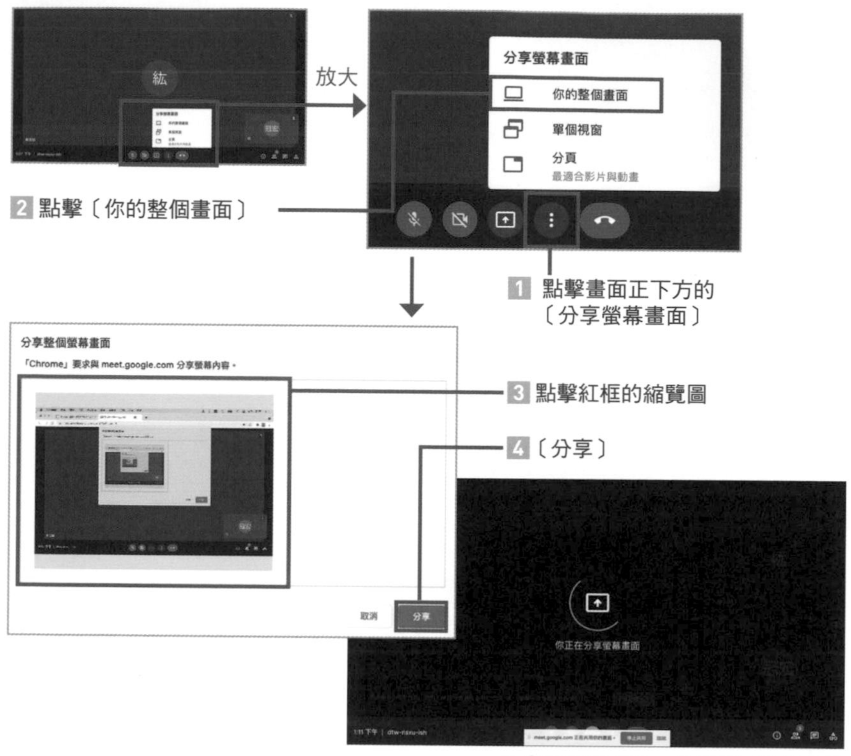

看到左上角顯示〔**您正與所有人分享螢幕畫面**〕，就代表成功了。

接著切換分頁，邊查看畫面邊進行說明。

當發言如火如荼展開、經過充分討論後，終於要進入會議最關鍵的「〇〇」。

3

收斂程序

以備受期待的新寵兒「Jamboard」一起決定今後的方向

經過前述熱烈討論的會議，也差不多該迎來「歸納結論」的局面。會議最關鍵的「〇〇」是什麼呢？

答案是**「收斂」**。

若不決定今後的方向，就失去開會的意義了。

然而，就現狀而言，優缺點、想法意見仍是空中交戰。即時通訊上的發言也不斷羅列文字，想要收斂會議是非常困難的事情。

該怎麼做才能夠收斂會議呢？

這可說是遠距會議最大的重點。

想要將拋出的意見、靈光一閃的點子付諸實現並交出成果，就必須進行**取捨選擇**。

此時，Post-it® **便利貼**能夠帶來幫助。

便利貼可隨意黏貼撕掉，自由自在地改變黏貼位置。

在決定優先順序的時候，也能夠移動黏貼位置來專心思考。

在面對面會議，過去會在會議室使用白板，以便利貼整理法順利收斂。

然而，遠距會議難以做到同樣的事情。

即便是善於整理不可見資訊的遠距強者，面對這樣的情況該也會束手無策吧？放心，答案是否定的。

各位知道 Google 有**數位白板工具**嗎？這是連資深的經營顧問也會豎起大拇指的工具喔！

現在，就來介紹簡潔利落的 **Google Jamboard** 吧！

輕鬆完成遠距會議的最大難關「達成協議」

Google Jamboard 是最適合協同作業的**數位白板**。

即便是遠距辦公，也能夠即時簡單地**將想法具體化與其他人共享**。

Jamboard 的**「Jam」**是即興演奏（jam session）的**「即興的」**，每個檔案稱為「Jam 文件」；一張張的頁面稱為「畫板」，每個 Jam 最多可建立 20 個畫板。

Jam 文件能夠指定「共同編輯人」，每個文件可**最多 50 人**同時作業。

過去，開會前需要準備各種顏色的便利貼，開會後再丟掉。就算「超過時間了，下次再繼續討論」，便利貼也無法直接留在白板上，還必須注意不可弄丟任何一張。

另一方面，Google Jamboard 的硬體要求不高，智慧手機或者低規格的筆記型電腦也能夠簡潔俐落地運作，在異地觀看同一個白板。

此外，Google Jamboard 具備儲存功能，可於會議中途休息後迅速重新開啟，不會遇到點子中斷的問題。Google Jamboard 也可存成 PDF、圖片，**零壓力共用管理**，省下拍照白板傳給其他成員的工夫。

你的〔Launcher〕是不是也有 Google Jamboard 的圖示呢？務必打開實際操作看看。

如**圖表 3-15** 所示，可使用畫面左側縱向排列的畫筆、橡皮擦、便利貼、新增圖片、游標選取等等。正因為僅有正方形的便利貼、四種畫筆、六種顏色，才可不拘泥排版樣式，**讓參與人的意識集中在內容上**。

多虧 Jamboard 的簡約、輕便，才能夠「集中注意力」在腦力激盪[35]、統整等作業。

圖表 3-15 Google Jamboard 的基本操作

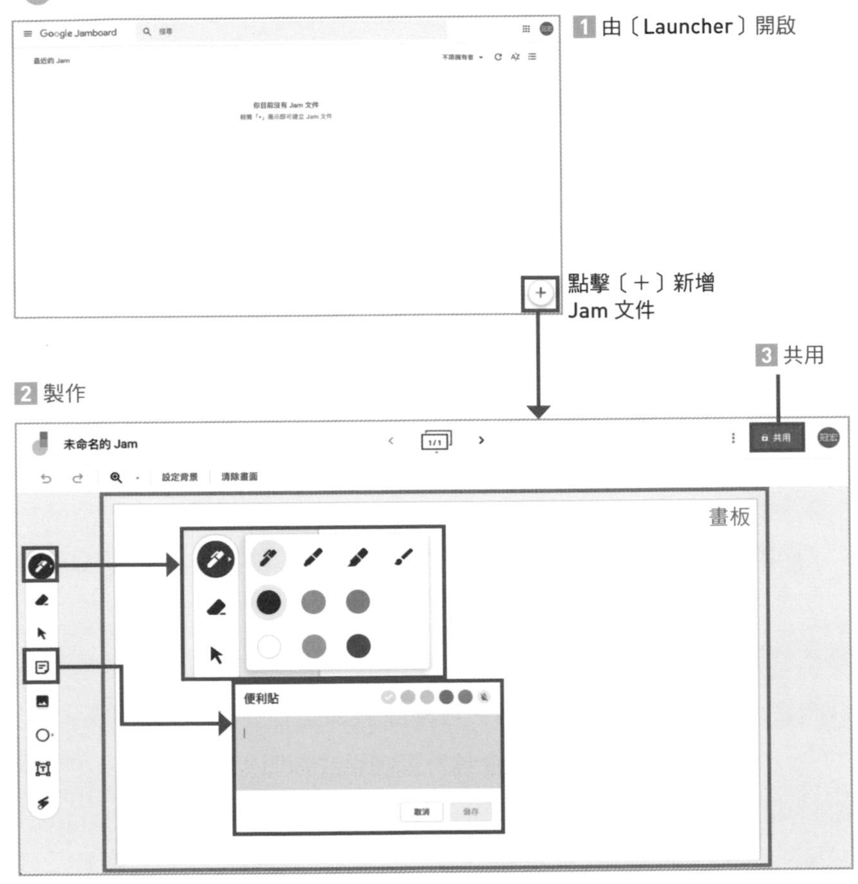

Google Jamboard 的便利貼還可更改顏色，漂亮地歸納各種意見、想法。

35 Brainstorming，是由美國提出的團體思考技術。在不受限制的氛圍下，不批評地互相拋出想法，再由特定課題篩選解決對策的方法。（資料來源：小學館「數位大辭泉」）。

那麼，回到會議的場面。

開啟 Google Jamboard **共用畫面**後，可像這樣宣布：

「從即時通訊的意見中，**挑出與對策相關的事項、痛點**。」

由於看著相同的畫面，即便遠距辦公大家也可取得共識

首先，在與會人眼前篩選即時通訊中的意見，以簡短的文字重新「視覺化」至 Jamboard 方形便利貼。

這麼一來，即便是遠距辦公，也能夠讓**所有與會人專心於 Jamboard 的共用畫面**。如**圖表 3-16** 所示，比用相機拍攝白板更加一目瞭然。

在這樣的狀態下，全員能夠再次回顧會議中提出的意見，可如下刻意以**相同顏色**的便利貼歸納想法。

圖表 3-16 在 Google Jamboard 的便利貼寫出意見（以不同順序視覺化）

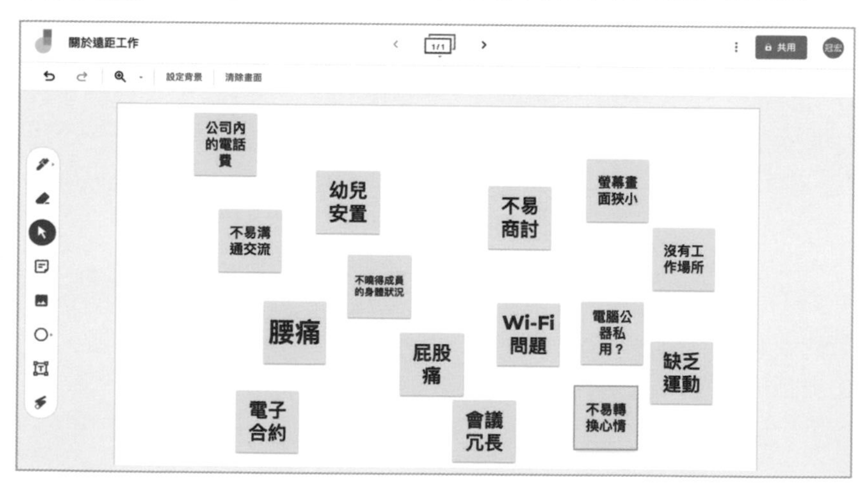

然後，實踐收斂技巧——**「分割捨棄」**。

使用**❶二分法**和**❷矩陣法**等**兩種方法**幫助「收斂」。

❶ 二分法

在正中央，以畫筆畫出一條直線（**圖表 3-17**）。

此時，不必擔心畫到「便利貼」，移動後的便利貼不會殘留線條。

這樣便可將畫板分成兩個部分。

例如，左側為「不花錢不花時間的項目」、右側為「既花錢又花時間的項目」。然後，在與會人的眼前說出「這個歸右邊」、「這個歸左邊」，按住滑鼠「左鍵」拖曳至目的地，再放開「左鍵」（放下）進行分類。

圖表 3-17　分成兩個部分拖移便利貼（分類捨棄）

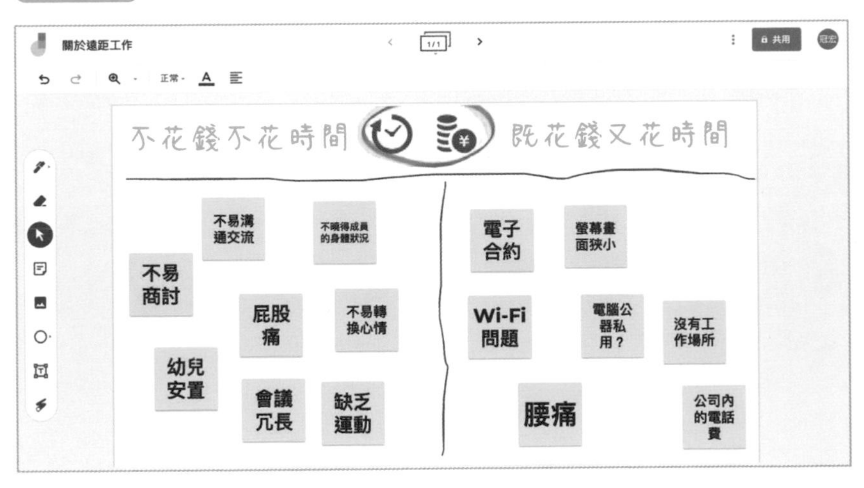

由於能夠看見便利貼在眼前移動分類，情況一目瞭然又有趣，**僅僅分成兩個部分**，與會人很快就能在腦中分類，**Google Jamboard 的厲害之處，在於能夠高水準地視覺化優先順序**。

贊同與反對、理想與現實（現狀）、優勢與缺點等等，明確對立的軸線後，將會議中出現的意見寫於便利貼上，再於畫板中移動整理。

便利貼的顏色點一下便可簡單改變，以顏色表達不同意義，再進一步篩選分類。

遇到不曉得意見該如何分類時，不妨刻意詢問參與成員，引導成員參與也是幫助收斂結論的技巧之一。

❷ 矩陣法

根據主題的不同，有些適合單純將意見分為兩類，有些比較適合採用矩陣法。所謂的矩陣法，是如下在縱橫軸上畫出箭頭的分類法（**圖表 3-18**）。

圖表 3-18 畫出兩軸分類的矩陣法

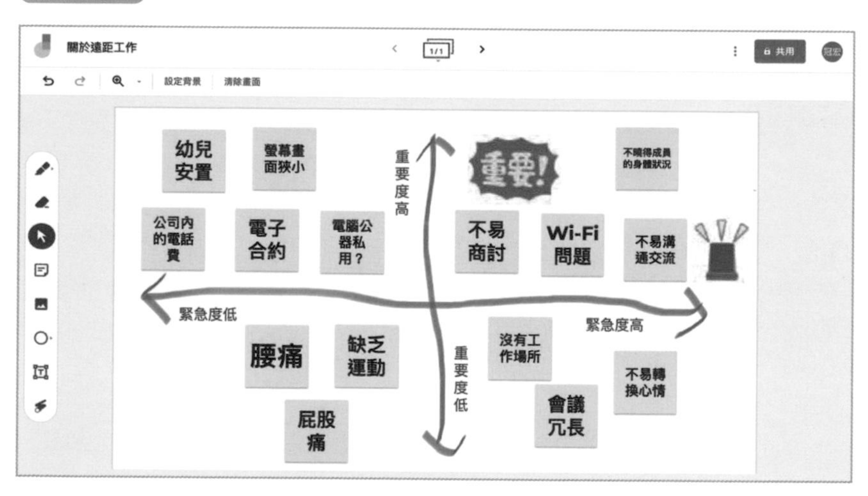

根據比較檢討的目的討論相關要素，並且傳達給與會人知道。

這裡以**「重要度」**為縱軸、**「緊急度」**為橫軸。

在移動便利貼的時候，建議從各軸明顯較大或者較小的項目依序歸類。

在雲端進行傳統會議的「分類篩選」，這全新的體驗肯定會讓與會人感到驚豔。

到目前為止出現什麼樣的意見？這些意見能夠得到什麼結論？為了防止會議原地打轉，與參與人確認的同時也視覺地共享資訊，一起有智慧地收斂議題。

Google 會議的六大準則

Google 過去也曾為諸多會議進行不順而煩惱。

到底是為了什麼事情煩惱呢？

持續增加的員工與企劃導致成長速度低落，讓 Google 產生很大的危機感。由此可見，Google 相當重視成長速度。

一場美好的會議需要能夠當場做出決斷、解決問題，經由共享資訊提升成員的能力。

於是，Google 於 2012 年突然改變會議方針，訂定以下六項加速決策的新規定[36]。完全改變了會議的進行方式。

1）會議必須指派「決策人」

所有會議必須有一位明確的決策人，在缺少或者未選出決策人的情況下，不應該進行會議。

[36] 資料來源：「賴利．佩吉去年春季就任後如何改進 Google 會議？」Business Insider 2012 年 1 月 10 日 https://www.businessinsider.com/this-is-how-larry-page-changed-meetings-at-googleafter-taking-over-last-spring-2012-1（訪問日期：2020 年 10 月 18 日）

2）參與人數必須小於等於 10 人

出席人員過多會降低議論的品質，理想的與會人數為 10 人以下。
其他與會議相關的人士，僅需迅速共享會議記錄。

3）所有參與人都必須發言

所有出席人員都得發表意見，不發言就不該待在會議室。

4）會議不是「決策場所」

不需要等到開會才做出決策，但若遇到開會才能夠下決定的案件，則得立即召開會議。

5）召開「簡短的會議」

Google 會將漫長的會議拆解成諸多 5 分鐘、10 分鐘等簡短會議，盡可能明確主題、縮短會議時間，讓成員能夠有效活用零碎時間，繁忙的經理人能夠更靈活地安排時間。

6）根據數據進行討論

Google 所有的會議都是根據數據討論，決策背後肯定有作為依據的數據，不做政治考量、個人偏好的決定。

將近 9 小時的大規模會議準備，竟然大幅縮短剩下十分之一！

即便會議出席人僅有「內部員工」，當人數超過 5 人，會議的準備、擴散、收斂、記錄都會耗費大量的時間與勞力。

如果會議出席人包含**「外部人士」**，且**工作模式、業務時間不盡相同**的話，則需要額外耗費更多的時間與勞力。

分享一個田隝加代子女士（住宿業，公司職員，50 歲），負責人口 10 萬人以下地區都市事務局舉辦「秋季慶典」的案例。

這項活動是結合醫生、藝術家、地方行政人員、地方農產者、旅館業等民間企業的跨業合作，在為期兩天的活動期間，也需要地方警察幫忙指揮交通，設置行人專用道，相關人員的時間各不相同。

因此，會議的日程調整就先遇到困難。

從企劃開始到結束共歷時約 8 個月，實際召開了 4 次集合會議。

由各方代表人構成的出席人數多達 16 位。

根據田隝女士的記錄，光初次集會的調整、當天資料的製作與分發，耗費的時間超過 530 分鐘。換言之，光是一場會議準備就需要**將近 9 個小時**的時間。

有效解決這個問題的是 **Google 文件**。

光是將原本使用的 Word 改成可以共同編輯的 Google 文件，會議準備的時間就能立即**縮短到只需要一個小時**。儘管相關人員數、會議出席人數、會議的準備工作完全沒有改變，卻只耗費了約原本時間的**十分之一**。

圖表 3-19 Google 文件大幅減少郵件和附加檔案的「往返」

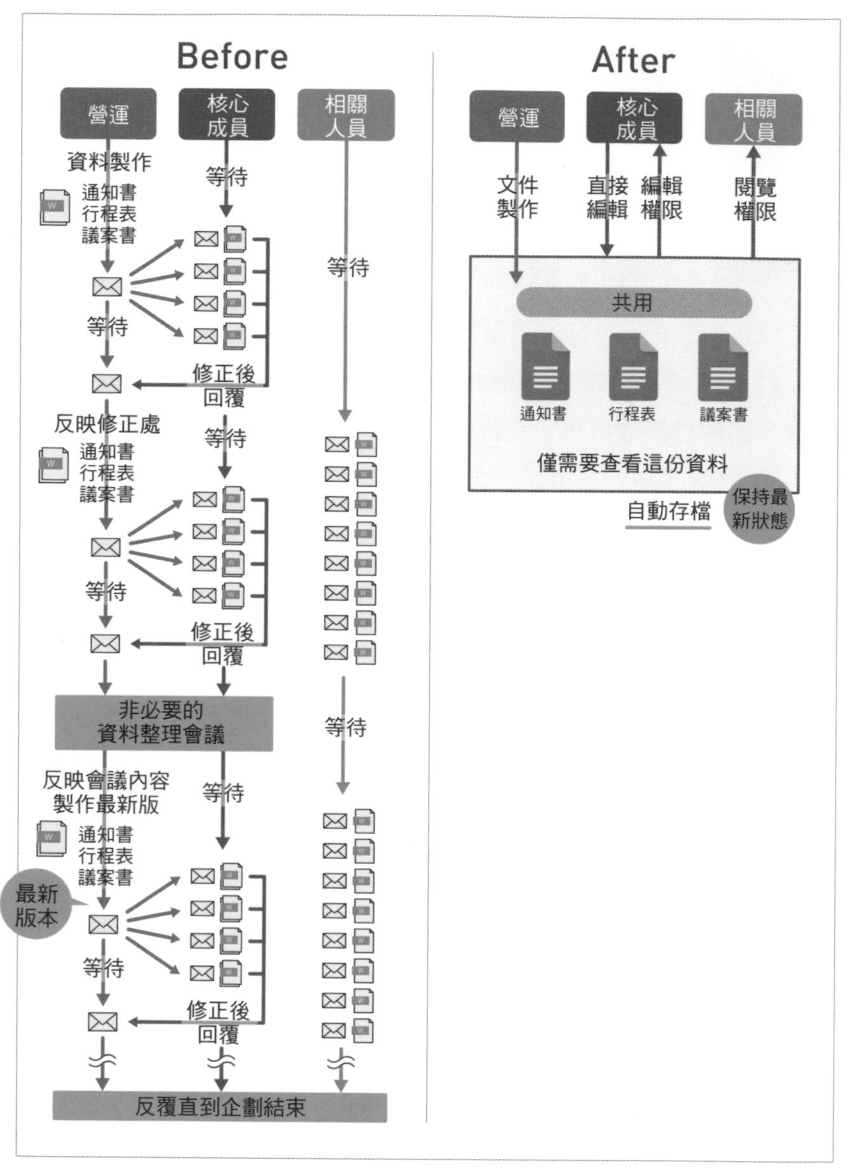

（資料來源：EDL 股份有限公司的製作資料）

為什麼可以省下這麼多時間呢？

答案非常簡單，因為**省掉了大部分的郵件「往返」**。

由此案例可知，當參與人數愈多，統一雲端管理文件愈能夠發揮優勢。

那麼，就來聽聽田隝女士的心得分享，看她如何以 Google 文件將相關人員的壓力減至零。

田隝女士的心得分享

起初，我需要**傳送附加 Word 檔案**的郵件給所有會議相關人員。

最讓我感到困擾的是，只要有修正內容，就得增加 Word 檔的「版本」。而且，有些人是以郵件指示修正，需要打開 Word 一一對照確認。

曾經有一次，因最新版本艱澀難懂發生不可抗拒的事件，覆蓋了上一個版本造成大家人仰馬翻。

結果，不是故意犯錯的人遭受嚴厲的指責，團隊瀰漫著百般無奈的氛圍，陷入惡性循環當中。

我還曾特地請所有人帶上電腦，召開耗時一個小時的「刪除老舊檔案的會議」。雖然現在能夠自我解嘲，但在行程緊湊的當時，光是改善現況就忙得不可開交。

該說是幸運還是不幸呢？幫助我脱離苦海的是，**完全不需要郵件「往返」的 Google**。

事務局的通知郵件，僅需要撰寫重要事項與 Google 文件的共用連結。光是改成這樣的做法，所有相關人員便能夠隨時隨地閱覽最新「版本」的企劃書。

遇到需要修正的地方可直接編輯，或者以〔註解〕、〔建議編輯〕等功能，直接與相關人員交換想法。

發生改變的地方是，除了事務聯絡外，**完全沒有郵件的往返**。

一經共用的文件網址不會改變，可**加入「我的最愛」或者「書籤」**，不透過郵件也能夠使用檔案。
雖然之前也曾使用 IT 工具提升效率，但當時沒有所有參與人共同使用的工具。現在，Google 工具不但是免費的，且能夠使用智慧手機連結，操作也容易上手。全員都能夠使用的優勢，大幅降低了重工與壓力。
過去，雖然會郵件「反覆來往」確認好幾次，但責任歸屬依舊不明確。然而，在開始使用 Google「共用」後，所有的程序公開透明，讓人覺得這個方法是非常**公平的機制**。好處是，「共用」促使每個人萌生當事人意識，形成圓滑的人際關係。

由田隝女士分享的心得可體會到，當相關人員愈多，Google App 的**「多人使用」**愈能夠發揮正面的效果。
Google 郵件相當方便，筆者從 2003 年便一直使用 Gmail，但現在完全沒有用到附加檔案的功能。對筆者來說，附加檔案的郵件往返不再是現代的 IT 技能，已經淪落為**原始時代的 IT 技能**了。
使用完全不需要郵件往來的雲端最新技能，一起朝向 **10 倍效率**的目標邁進吧！

CHAPTER 4

Google 的 10 倍協作術

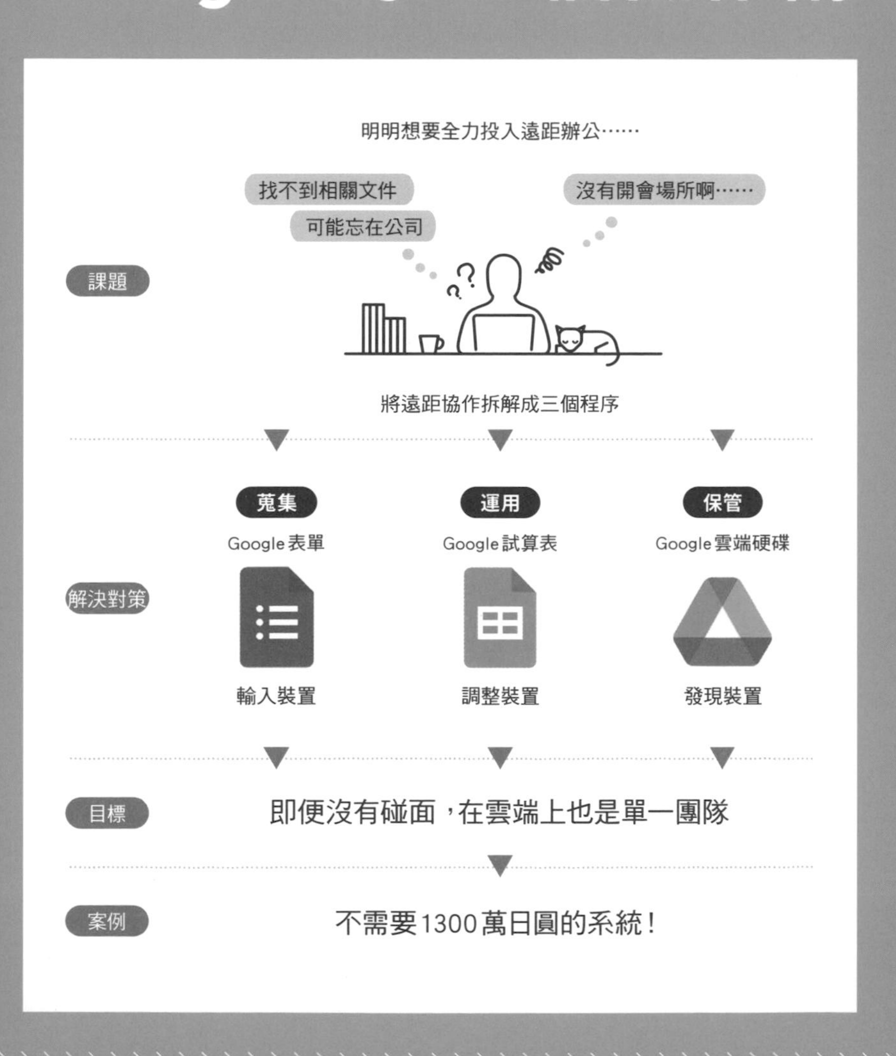

即便是遠距辦公，也可以運用資料的「蒐集」→「運用」→「保管」三個步驟創造 10 倍成果

在新冠病毒爆發之前，無論寒暑、颳風下雨，都要擠進人滿為患的大眾運輸通勤，抱著沉重的公事包外出拜訪客戶。

這究竟是為了什麼呢？答案是為了與對方見面談話、「協同合作」。在商務上，幾乎不存在僅一個人就可完成的業務。

與人見面後，「蒐集」資訊掌握現狀，考慮下一步對策。

接著「運用」該資訊，一面共享、分擔、調整，一面「保管」結果。

換言之，透過**資訊的「蒐集」→「運用」→「保管」三步驟**，資訊會在人與人之間傳遞、加工、解釋，以不同的形式傳播下去。

然而，轉換成遠距辦公後，這三個步驟相繼遇到困難。其中，最令人困擾的是下述兩點：

- **需要的「相關文件」不在手邊，存放在辦公室。**
- **不能向相關人員簡短報告、聯絡、商量。**

「果然還是得進辦公室工作啊！」是不是一不小心就抱怨起來了呢？

然而，進辦公室真的就能夠解決問題嗎？

在隨時可與他人碰面的時期，不會遇到這樣的煩惱。

不過，進辦公室工作的常態已宣告結束，如今許多職場採取辦公室組和居家組分流上班的模式。

人們逐漸意識到「隱藏的風險」：需要直接碰面、前往特定場所才能夠處理某些業務。

遠距辦公能夠在**雲端整備**協作不可欠缺的**「蒐集」→「運用」→「保管」**三步驟，是即便沒有實際碰面、外出移動，也可**一口氣提升「10倍」成果的新工作模式**。
到底該怎麼做才能達到這樣的成果呢？

隨時隨地取得相關資訊的機制

僅碰面時才能夠交換資訊，非常不方便。在更早之前連手機都沒有，外出想要聯絡時，只能夠等待對方的消息。例如，即便事先約在車站碰面，也只能到剪票口的留言板留下訊息。這樣想的話，時代真的是瞬息萬變。

1. **需要的時候能夠立即取得相關資訊**
2. **人與人之間傳遞訊息後，就一直傳播下去**
3. **能夠確認「當前」狀態與「過去」狀態的變更歷程**

若能夠實現以上三點，協同合作將比現今更快速發展。
首先，做好**人與人之間的「訊息」於遠距環境也能夠傳播的準備**。

使用 Google Apps 後，即便沒有碰面也可蒐集最新資訊，邊談話邊進行調整。為什麼 Google 能夠做到呢？理由非常單純，Google 將過去「碰面獲得資訊的場所」轉換成「**純雲端空間**」。

雲端的本質就是「共用」。

無論是自己擁有還是他人共用的檔案資料，即便不碰面、不外出移動，也能夠隨時隨地從任意數位裝置取得。
除了一直共用最新狀態外，也能夠追溯過去自動儲存的傳輸記錄、變更歷程。

在需要的時候取用，任誰都能夠取得相關資訊的「共通場所」，過去僅存在於辦公室，但今後也將在雲端建立。
只要決定好「場所」，成員就能夠存放各自的資料、編輯刪改，即時公開共用所有相關人員的修改過程，消弭資訊的藩籬。

遠距強者能夠**完全控制整個團隊的「資訊傳播」**。
那麼，現在就以本章「Google 的 10 倍協作術」的三步驟**「蒐集」→「運用」→「保管」**介紹三個嚴選的 App。

遠距辦公的成果比面對面工作高出 10 倍！大幅改善協作的三個 App

遠距強者加速協作的 Google App 有以下三個：

Google 表單

製作表單

蒐集

Google 試算表

表格統計

運用

Google 雲端硬碟

儲存、共用檔案

保管

現在就開始介紹這三個 App。

蒐集：〔Google 表單〕

Google 表單是，能夠**自動收發問卷調查、申請文件，並完成統計運算**的「表單製作 App」。從單一問答到複雜多選項的大規模問卷，初學者都能夠直覺地輕鬆製作。

其實，**表單好比「輸入裝置」**。
這樣想的話，可將其當作最簡單迅速蒐集各種資訊的工具，大幅擴展運用的範圍。**內部部門的委託表單、每日營業報告**等等，當作協助蒐集最新資訊，即時向重要成員展現結果的工具。

紙本問卷只有發起人能夠第一時間查看，其他人要等到統計結算後才能知道結果。
但 Google 表單只需要新增共同編輯人，就可**即時視覺化確認最新的結果與概要**，而且還能夠同時製作、修正問題。

運用：〔Google 試算表〕

Google 試算表是「表格統計 App」。
大多數人都是使用 Excel 表格統計、製作圖表。
Google 試算表與 Excel 之間具有相容性。
Excel 能夠使用的函數、圖表，大部分也適用於 Google 試算表，操作方式也幾乎相同。

雖說如此，**如果只是依樣畫葫蘆地使用 Google 試算表就太過浪費了**！
想要熟練 Google 試算表的話，就得善加活用雲端的「共用」功能，一起「零 IT 落差」地使用雲端上的資源。

這邊的「零 IT 落差」，是「**點一下即可取得相關資訊**」的意思。

Google 試算表比 Excel 更大量內建多人共同作業時備受重視的**調整功能**，如**即時共同編輯、註解、管理版本履歷**等等。正因為如此，遠距辦公也能夠建立一面「對話」，一面靈活協作的工作場所。

保管：〔Google 雲端硬碟〕

其實，Google 雲端硬碟好比哆啦 A 夢的「**四次元百寶袋**」。

Google 雲端硬碟能夠儲存各種類型的檔案，如文件、照片、音樂、影片等等，是可與他人共用的 Google「**儲存共用檔案 App**」。

只要有雲端硬碟，在地球上的任何角落都能夠不受影響繼續工作。

2018 年，Google 雲端硬碟的全球用戶突破了 10 億人。

其實，Google 已經有九項產品的用戶數超過 10 億人。

全球用戶 10 億人著實是令人驚訝的數字，證明了使用上不受人種、語言、年齡、IT 技能的限制。

然而，這邊出現一個問題。

Google 雲端硬碟得熟悉雲端思維，才有辦法順利使用。

再怎麼說也是「**四次元百寶袋**」，當然不適用過去的思維，一開始在這三個部份會覺得不太習慣。

首先，對「資料直接存入雲端而非終端設備」感到不習慣。

其次，雖說「不需要整理資料」，卻覺得雲端硬碟雜亂無章。

最後，雖說「給予相關人員的權限，就能夠讓對方直接使用」，卻擔心「資安防護真的沒有問題嗎？」之類的疑慮。

然而，這些全是遠距弱者的認知。不如趁著這個機會，**你也一起升級成「更新」新的思維**。

全球的商務活動正加速分散與數位化，為了不受限於工作場所，精通雲端共用已經變成必備的技能。

1 蒐集程序

以「Google 表單」迅速視覺化最新資訊

步入社會後，是不是經常遇到向他人蒐集「資訊（資料）」的情況呢？需要資訊才能夠做出工作決策，某些業務更是不可缺少資訊。

例如，假設你是某營業團隊的經理人，團隊包含你在內共有 5 名成員。你的工作是蒐集每週營業額、潛在客戶資料，掌握現狀判斷如何行動後，擬定策略並指示下屬。

你會如何從成員蒐集「資訊」呢？
從成員的營業日報捕捉資訊、規定成員在例行會議前以郵件定期匯報等等，腦中能夠浮現各種方法。你或許正在參加會議，當場聽取報告也說不定。
然而，雖說僅有五名成員，訊息積少成多也需要相當多的時間消化。
身為經理人，你會將蒐集到的資料輸入 Excel 等，按照時間順序追蹤數字，轉成圖表統計分析。或者，你也有可能尋求其他成員幫忙彙整。

如果成員以手寫蒐集資料，則需要重新輸入電腦。
若繳交的數位資料無法直接挪用，又會增加影印的程序。
團隊成員大概是陸陸續續回報數字、進度，肯定會遇到因未蒐集完回覆無法統計作業的情況。若報告表的項目、格式未統一，又要另外花費時間整理。對經理人來說，資訊收集與統計是耗費時間的麻煩工作。

這時就該輪到 **Google 表單**出場了。

具體來說，不妨以 Google 表單同時蒐集潛在客戶與簽約客戶的資訊。包含你在內的五位營業負責人，分別於負責區域進行活動。在遠距環境下，很難直接碰面報告進度。

因此，經理人會要求成員每遇到應該共享的新潛在客戶、簽約客戶資訊，**就直接當場建立一個 Google 表單**。輸入一個表單花不到 3 分鐘，但每週彙整報告一次時，10 個表單就得花費 30 分種。使用 Google 表單**建立即時共用的機制後，僅需 1 分鐘就能夠掌握狀況**，提高報告方與接受方雙方的效率。

現在，就一起實際建立 Google 表單吧！
首先是基本的三個步驟。
在網址列鍵入「**form.new**」顯示新表單，也可如同上一章的介紹，由〔Launcher〕點擊 Google 表單的紫色圖示開啟。以下就從取檔案名稱開始。
點擊〔Launcher〕中的〔表單〕圖示，再點擊〔使用 Google 表單〕會顯示下頁**圖表 4-1** 的畫面，選擇右下角的〔建立新表單〕開啟〔未命名表單〕畫面。

圖表 4-1 Google 表單的基本操作

表單的三個步驟

1 點擊〔Launcher〕開啟 Google 表單後，再點擊建立新表單〔＋〕開啟

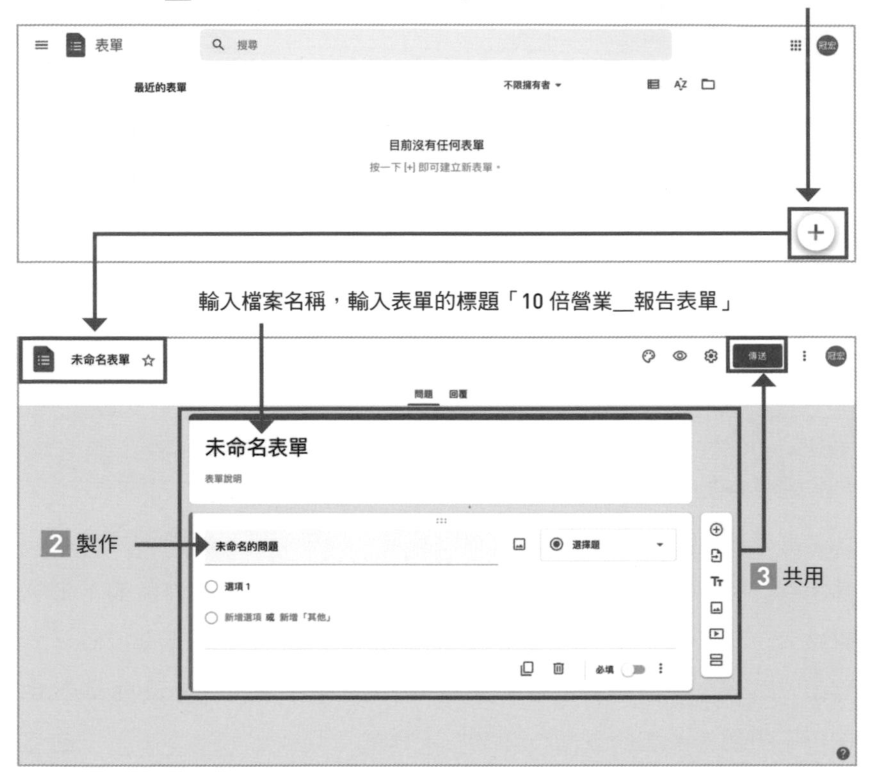

標題取為「10 倍營業＿報告表單」。這是受訪者填寫 Google 表單時，最頂端顯示的文字。左上角的「未命名表單」也可輸入標題文字，點一下便會同步更新標題與檔案名稱。

接著，開始設定資料蒐集時的相關項目。

如**圖表 4-2** 所示，先在〔未命名的問題〕輸入〔姓名〕，再點擊右側的〔選擇題〕選擇問答形式。

選擇〔下拉式選單〕後，左邊會顯示輸入欄位，各欄位輸入 5 位營業負責人的名字就完成了。

圖表 4-2 Google 表單僅需選擇問答形式就能夠製作

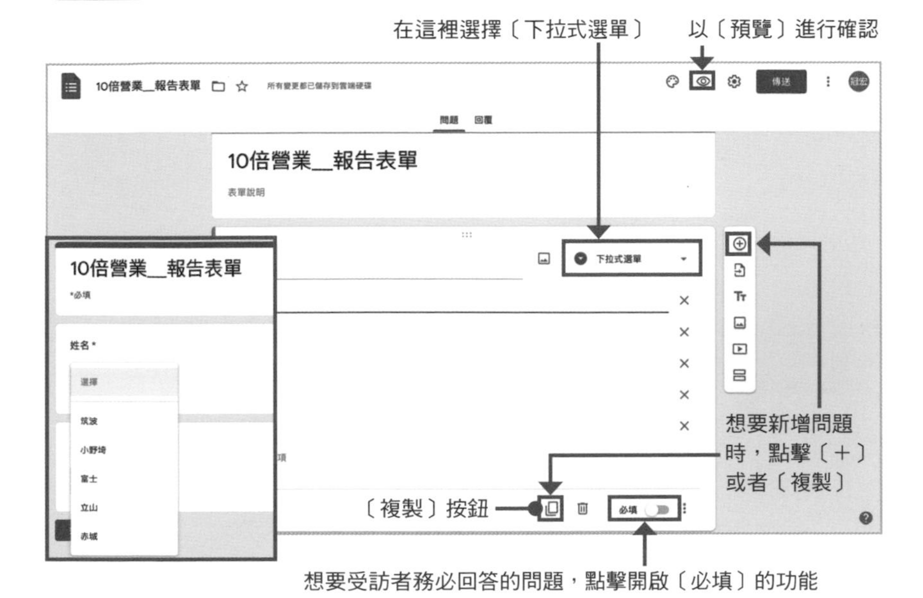

該項目想要受訪者務必回答，**點擊開啟〔必填〕的功能**。

點擊〔必填〕左側的〔複製〕的圖示，能夠直接複製相同的問題。若不想要複製問答形式的話，點擊右邊顯示〔＋〕圖示建立新的問題（**圖表 4-2**）。

下一個問題，設定選擇潛在客戶或者簽約客戶資訊的項目。

分成不同的 Google 表單輸入潛在客戶、簽約客戶資訊，會造成不必要的混亂，盡可能設定**在同一地方輸入資訊**，團隊成員也比較不會排斥協助。

然後就是反覆上述的步驟。

新增問題輸入內容，總共有 11 種問答形式可供選擇（**圖表 4-3**）。

第三個問題是**客戶資訊**、第四個問題是詳述**內容**，設定成能夠輸入文字的問答形式。若敘述內容可能很長，則問答形式選擇〔段落〕。

圖表 4-3

Google 表單共有 11 種問答形式

最後是簽約的**金額**。
選擇潛在客戶時不需要輸入金額，所以此問題不必啟用〔必填〕功能。

這樣就完成一份五個問題的 Google 表單，習慣操作後花不到五分鐘。

完成 Google 表單後，點擊畫面右上角的眼睛圖示〔預覽〕，實際測試這些問題看看（**圖表 4-4**）。

「跟想像中的不太一樣，需要建立新問題。」測試完後可能發現需要改善的地方。此時，回到編輯用的 Google 表單分頁就可立即修正。
若覺得報告要有**商品種類**會比較好，那就再新增一個問題。

該怎麼讓受訪者填寫 Google 表單？

結束測試問題、確定完成 Google 表單後，就可以立即聯絡成員開始運用。

Google 表單的共用，通常會透過郵件、通訊軟體的訊息邀請填寫。
另外，Google 表單可如網站加入「書籤」，如果每天都需要使用的話，建議可直接加入書籤。

1 想要從 Google 表單直接以郵件邀請的話，可點擊畫面右上角的〔傳送〕簡單完成。2 確認選擇〔郵件〕圖示後，3 於〔收件者〕輸入郵件地址或者名字，4 再點擊〔傳送〕按鈕，就完成寄送附帶 Google 表單連結網址或者直接插入表單的郵件。
想要共用連結網址的話，1 點擊〔傳送〕後，2 再點擊〔連結〕圖示，3 勾選畫面下方的〔縮短網址〕，4 就能夠複製自動生成的網址（**圖表 4-4**）。

圖表 4-4 共用完成的 Google 表格

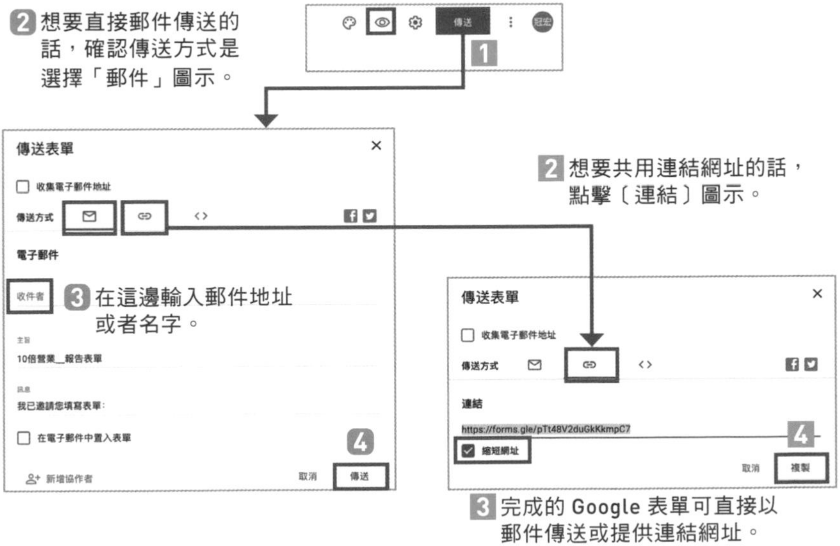

2 想要直接郵件傳送的話，確認傳送方式是選擇「郵件」圖示。

傳送
1

傳送表單
收集電子郵件地址
傳送方式
電子郵件
收件者
3 在這邊輸入郵件地址或者名字。
主旨
10倍營業_報告表單
訊息
我已邀請您填寫表單：
在電子郵件中置入表單
新增協作者
取消
4 傳送

2 想要共用連結網址的話，點擊〔連結〕圖示。

傳送表單
收集電子郵件地址
傳送方式
連結
https://forms.gle/pTt48V2duGkKkmpC7
4
縮短網址
取消
複製

3 完成的 Google 表單可直接以郵件傳送或提供連結網址。

自動統計轉換成圖表！

Google 表單開始收集回應後，可簡單地即時視覺化統計情況。具體來說，在編輯畫面切換〔回覆〕頁面，可按照〔摘要〕〔問題〕〔個別〕確認統計結果。每當有人提交新的回應，就會自動統計最新資訊（**圖表 4-5**）。

完成的 Google 表單可隨時結束或者重置，僅需要點一下簡單設定。

過去製作的 Google 表單數據全部刪除後，也能夠再次利用。當然，用戶也可另外下載歸檔。

圖表 4-5 即時確認自動統計的結果

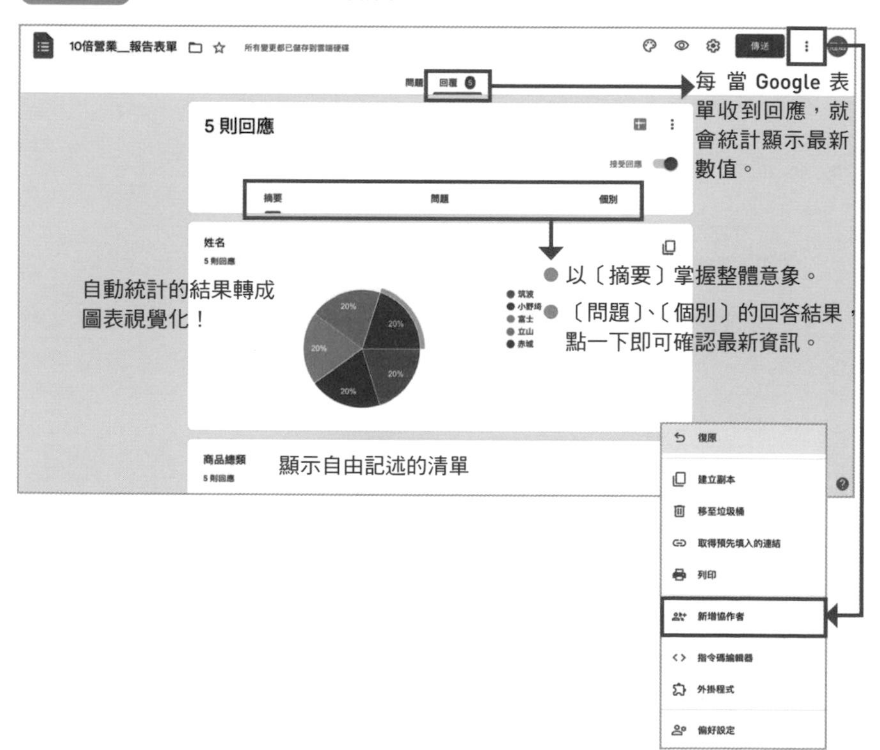

若這個月想要使用上個月製作的檔案時，能夠重複使用舊檔案，非常方便。

這份統計結果只有製作的經理人能夠讀取，如果想要與上司、老闆共用，只要到 Google 表單的〔新增協作者〕指派就行了。不過，Google 表單的〔協作者〕具有刪除、變更問題的權限，僅想提供隨時閱覽最新結果的權限時，建議透過 Google 試算表共用。
原因何在？理由留到下一節詳述。

Google 表單可如上簡單製作，迅速邀請相關人員填寫，無論從智慧手機還是從自家電腦，都能夠隨時隨地輕鬆回答。
另外，Google 表單蒐集資訊後，會自動統計轉成圖表的形式，即時傳達統計結果。你已經掌握到如何輕鬆運用的訣竅了嗎？
Google 表單就好比「輸入裝置」，這樣想的話，可大幅擴展運用的範圍，活用於各種蒐集資訊的情境。
上傳檔案回收、觀看影片後回答問題等等，能夠對應任何形式的問題，端看你如何運用巧思。請務必參考**圖表 4-6**，思考如何活用 Google 表單輕鬆將業務轉為自動化。

圖表 4-6 Google 表單的運用提示與能夠做到的事情

Google 表單的運用提示

- 觀看影片後回答
- 觀看圖片後回答
- 分歧型問卷調查＝根據上一題的答案改變下一題的內容

Google 表單能夠做到的事情

- 從過去製作的問卷調查匯入問題
- 設定一次可見的題數
- 每次隨機顯示問題
- 設定僅限回覆 1 次
- 設定限定公開
- 自動結算分數
- 設定成測驗或者猜謎

靈活地蒐集、運用、保管相關資訊！

接著介紹如何讓「整個團隊有效運用」蒐集到的資訊。
Google 表單可與 Google 試算表連結，只需要點一下就能夠匯出資料。
這意味著什麼事情呢？
目前市面上有各式各樣的業務輔助軟體，常聽說聞明明投入大筆資金，第一線員工卻反應沒有什麼幫助，各位讀者的職場也有類似的情況嗎？
過去的工具大多是，即便導入後發現「不需要這個項目」，也無法簡單修正；缺乏專業知識的話，就無法熟練使用。想要根據自家業務修改細節，必須另外投入預算、時間，邊使用邊改良更是天方夜譚。
然而，從今以後就不一樣了，只要使用免費的 Google 產品，完全不需要 IT 的專業知識，相關 App 還會愈變愈人性化。

先使用 Google 表單**「蒐集」**資料，再以 Google 試算表**「運用」**，最後再**「保管」**至 Google 雲端硬碟。
每個人將過去「擁有」的資訊上傳至雲端，所有人員就能夠共用這些資訊。
在新的資訊系統，你上傳的資訊會與大家共用，大家提供的資訊可幫助你完成業務。第一線可比想像更簡單地建立這樣的機制。
使用 Google Apps 的話，**檔案間可直接連結資料**。相較於過往的水桶接力傳遞資訊，由於全部直接轉為數位資料，**不需要再次手動輸入，能夠迅速且無任何遺漏地交付給下一位負責人編輯**。圖表 **4-7** 統整了改變前後的情況。

圖表 4-7 建立實現單一團隊的資訊系統

Before　以傳真、郵件蒐集資訊，再以外包的業務輔助系統統計、保管

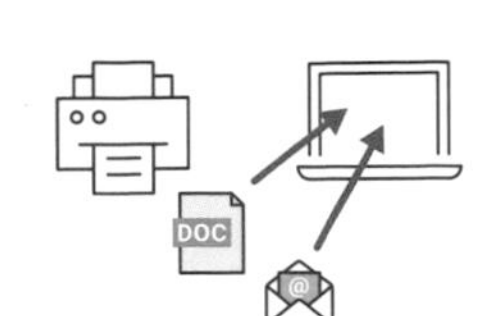

- 無法自行變更已經設定的項目。
- 必須進辦公室才能夠處理。
- 變更細節需要耗費時間金錢。
- 系統無法連結資料，衍伸需另外手動輸入的麻煩。
- 沒辦法跨檔案檢索。
- 手動輸入的資訊連結容易發生遺漏，補救耗費時間。

After　以Google自行靈活地設計資訊蒐集、運用、保管

- 可根據現場情況，免費設定、變更細節。
- 不需要進辦公室，也能夠提交、閱覽、運用資訊。
- 沒有遺失、劣化的問題。
- 可檢索搜尋，方便尋找檔案。
- 可再次利用、連結資料。
- 檔案歸檔不佔空間。

使用 Google 統一管理有以下六個優勢：

- **可根據現場情況，免費設定、變更細節**
- **不需要進辦公室，也能夠提交、閱覽、運用資訊**
- **沒有遺失、劣化的問題**
- **可檢索搜尋，方便尋找檔案**
- **可再次利用、連結資料**
- **檔案歸檔不佔空間**

光是使用 Google，就能夠獲得以**最先進 AI 處理日常業務的環境**。

已經不需要再為遠距辦公哀怨了。

那麼，該怎麼做才能夠建構全員輕鬆辦公的資訊系統呢？

2 運用程序

資料運用時使用「Google 試算表」

以前，只要進辦公室，隨時能夠向上司、同仁確認，討論各種事情。
但現在，「遠距辦公不好問雞毛蒜皮的小事」、「工作不順利也沒有辦法啊」，是不是就這樣放棄了呢？
一起向這些煩惱說掰掰吧！你今後可在雲端上建立，所有團隊成員即時有效率地取得相關資訊的環境。

該怎麼做才能夠實現呢？
那麼，延續前面營業經理人的例子。
使用 Google 表單建立「資料蒐集的場所」後，再以 Google 試算表挪用資料建立幫助營業團隊「視覺化各月各週成果的場所」，與內部多個團隊可邊協作邊處理工作的「分隔異地也可對話的場所」。

若需共用資料的相關人員超過三人，**設定 Google 試算表會比 Google 表單更容易管理、運用**。
Google 試算表分為「編輯者」、「加註者」、「檢視者」三種權限，可根據對方的身分、參與程度選擇共用方式。
「編輯者」具有修正、刪除資料等編輯檔案的權限，團隊成員先設定成「加註者」比較不會有問題。

圖表 4-8 將 Google 表單的資料匯入 Google 試算表

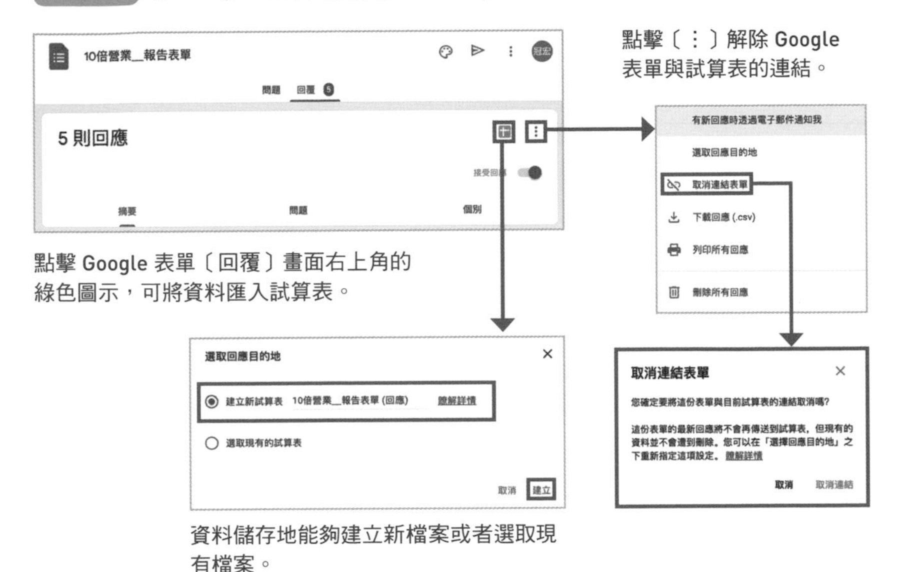

只需要點一下就可將 Google 表單的資料匯入 Google 試算表，開啟圖表 4-8 編輯畫面的〔回覆〕頁面，點擊畫面右上角的〔試算表〕綠色圖示，再選取〔建立新試算表〕就完成了。

一經資料連結後，**Google 試算表的「工作表 1」會持續匯入 Google 表單的資料，持續與 Google 表單的資料同步、呈現最新狀態**。

另外，即便刪除 Google 表單的資料，也不會影響 Google 試算表的內容。

想要再次利用 Google 表單，修改或者新增問題的時候，建議先解除與 Google 試算表的連結，使用修正後的新表單匯出統計資料至新的試算表。解除方法同樣是在 Google 表單〔回覆〕頁面，點擊〔試算表〕圖示旁邊的〔⋮〕後，選取設定選單中的〔取消連結表單〕。

如上所述，與 Google 試算表的資料連結沒有更改的次數限制。

營業經理人可先點一下連結 Google 表單和 Google 試算表，再根據匯至試算表「工作表 1」的原始資料，於「工作表 2」建立團隊協作的資料運用場所（圖表 4-9）。

圖表 4-9 在雲端上新增工作表創造作業場所

Google 試算表是資料運用的場所

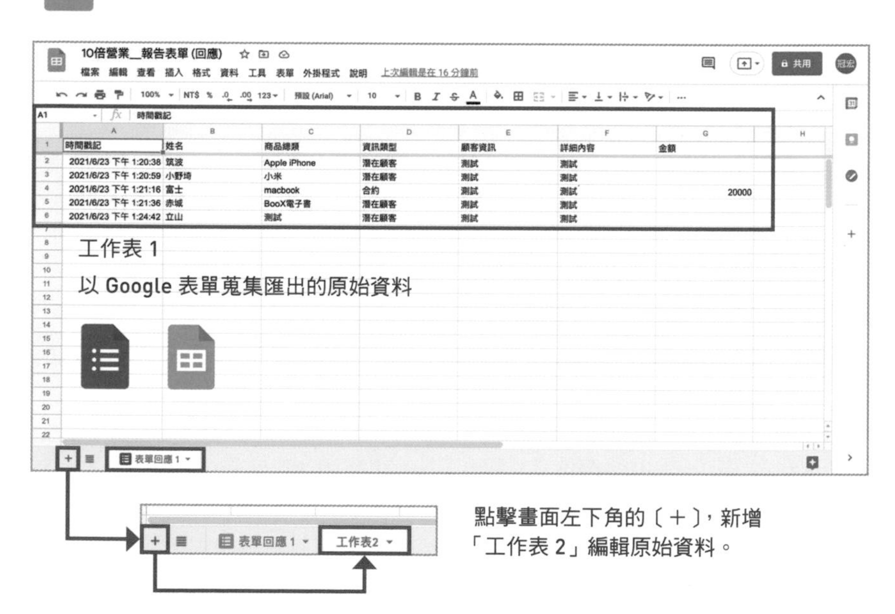

	A	B	C	D	E	F	G
1	時間戳記	姓名	商品總類	資訊類型	顧客資訊	詳細內容	金額
2	2021/6/23 下午 1:20:38	筑波	Apple iPhone	潛在顧客	測試	測試	
3	2021/6/23 下午 1:20:59	小野埼	小米	潛在顧客	測試	測試	
4	2021/6/23 下午 1:21:16	富士	macbook	合約	測試	測試	20000
5	2021/6/23 下午 1:21:36	赤城	BooX電子書	潛在顧客	測試	測試	
6	2021/6/23 下午 1:24:42	立山	測試	潛在顧客	測試	測試	

從 Google 表匯入 Google 試算表有下述三個「優勢」：

1 不受限於 Google 表單，**更加靈活地編輯資料**

2 不受限於 Google 表單，**安全地與更多相關人員共用**

3 根據 Google 表單的資料，**之後再靈活地增添數據**

Google 的 App 全部皆可從智慧手機使用，**不方便使用電腦的情境下也可使用**。

在畫面左下角，**點擊〔＋〕圖示能夠新增**「工作表 2」。

例如，想從原始資料僅抽出簽約客戶的資訊至「工作表 2」，直接複製貼上整列資料一瞬間就完成作業，或者也可使用函數引用資料。如此一來，能夠製作 Google 表單無法編輯的「各月營業額統計表」（**圖表 4-10**）。

每當 Google 表單收到回應，傳送時間就會自動記錄成「時間戳記」。

圖表 4-10 各月營業額統計表

工作表 2

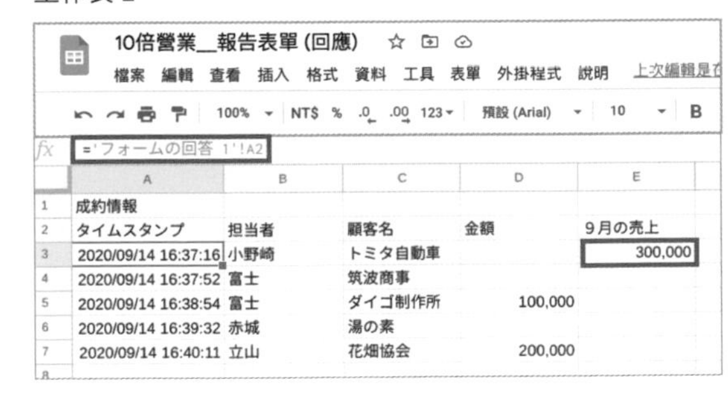

使用函數計算

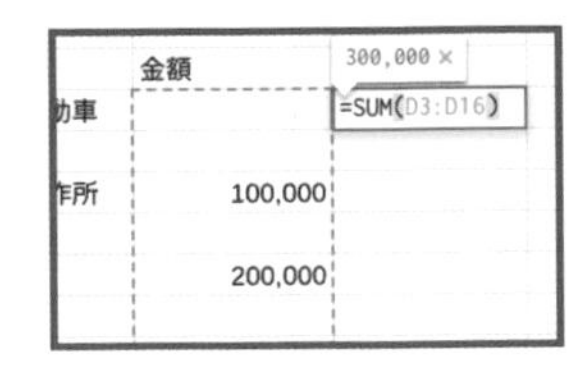

我們可用「時間戳記」統計各週、各月的營業額，或者在 Google 表單新增「簽約日期」的問題，使用該記錄統計也不失為一個辦法。

根據第一線蒐集到的「資料」，我們可任意多次更改 Google 表單的問題內容。

不僅如此，只要打開 Google 試算表，不需詢問也能夠瞭解其他成員的當前情況，最新資訊、工作進度全部一目瞭然。

例如，使用〔**條件式格式設定**〕**的功能**，從 Google 表單新增「簽約完成」的資料後，該方格會自動轉成醒目的顏色，方便確認已經簽約的案件（**圖表 4-11**）。

點擊選單列〔格式〕中的〔條件式格式設定〕後，可於右側顯示的編輯畫面新增格式規則。

圖表 4-11 以〔條件式格式設定〕整理資料

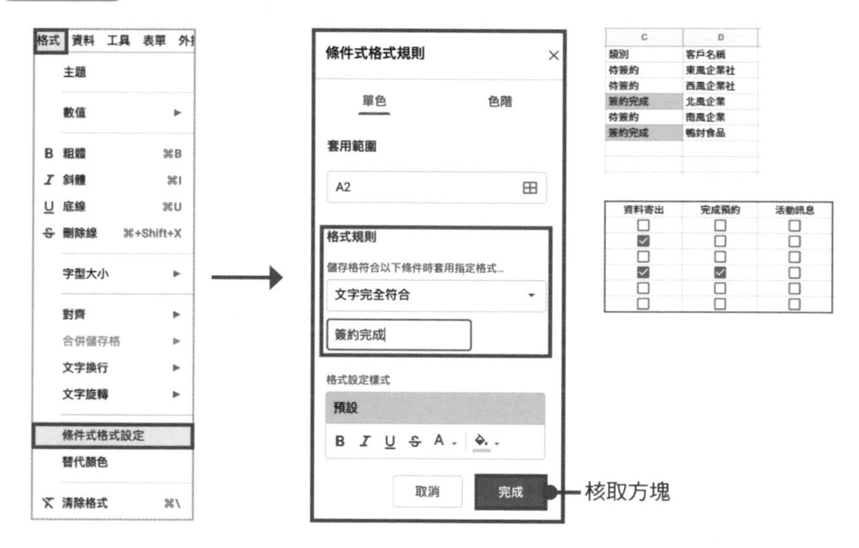

另外，使用〔**核取方塊**〕**的功能**後，能夠點一下勾選該方格（**圖表 4-11**），且可用試算表函數統計核取數量。

完成與簽約客戶協商後，勾選核取方塊；完成寄送相關文件後，勾選核取方塊等等，可當作待辦事項清單來使用。

拖曳反白想要追加的方格，點擊〔插入〕中的〔核取方塊〕後，就能夠一次設定完成。

最後示範插入〔連結〕。

連結帶有「連接」的意思。

設定〔連結〕後，只要點擊就能夠輕鬆瀏覽雲端上的網頁、檔案等。

圖表 4-12　插入〔連結〕集結相關資訊

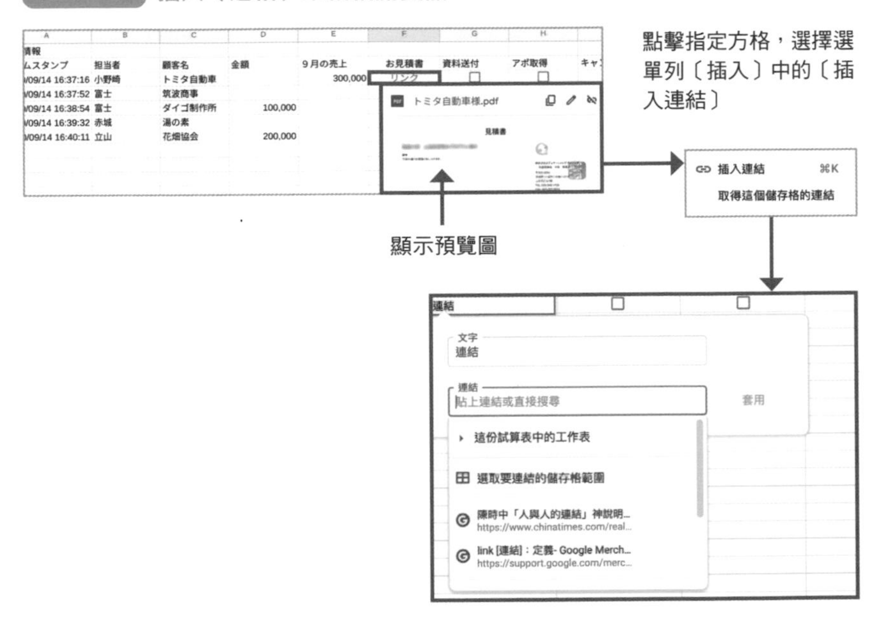

請見**圖表 4-12**，在 Google 試算表中，將游標移至設定連結的方格時，會顯示**連結對象的預覽圖（縮小顯示）**，可立即知道瀏覽什麼檔案、網站。

除了網頁、雲端儲存的檔案外，Google 試算表也能夠〔連結〕其他方格、同試算表內的其他工作表、想要引用的複數方格範圍。

操作方式是，輸入文字後點擊指定方格，選擇選單列〔插入〕中的〔插入連結〕，在編輯畫面的〔貼上連結或者直接搜尋〕欄位插入檔案網址，或者點選下方的候補選項。

例如，只要事先設定**〔連結〕**報價單、申請書等相關文件，**任誰都能夠在必要的時機快速取得資料，不需要花費任何工夫尋找**。現在已經不是以檔案夾管理文件的時代了，各個負責人事先在 Google 試算表設定連結，當事人以外的人員也能夠立即找到需要的檔案。

另外，連結的檔案能夠設定共用權限，事先對機密資料「附加限制」、指定共用帳戶，可使非共用人無法開啟連結，有助於提升資安防護。

話說回來，在處理類似作業的時候，「咦？那件事後來有什麼進展？」、「這件事好像是已經這麼決定了吧？」是否曾經浮現類似的小疑問呢？以前可立即向眼前的上司、同仁確認。
然而，如今已轉為遠距辦公的環境。若能夠在數位文件上輕鬆對話，工作會進展得更為順利不是嗎？這對 Google 試算表可說是小菜一碟。下一節要介紹 **Google 試算表能夠對話的秘密**。

遠距辦公只要使用〔註解〕，也能夠熱烈地對話

Google 的優勢在於，**可宛若當面對話般即時溝通，同時遠距處理工作業務**。你能夠想像這有多麼棒嗎？

相反地，當開啟對方回覆的郵件，「請再次確認方格 D14 的內容」、「請輸入方格 F28 的資料」等等，看到正文一大串的文字會如何呢？你需要頻繁切換郵件和文件進行確認，不但麻煩還可能發生遺漏的問題。
然後，想要回覆郵件的內容時，又得再次比對修正的項目，光是想像就覺得辛苦，完全提不起勁。

Google 已經**完全解決**這樣的問題了。
使用雲端服務中的**〔註解〕功能**，就能夠直接在文件上對話溝通。

如下頁**圖表 4-13** 所示，先點選方格再選擇選單列〔插入〕中的〔註解〕，可在指定的場所輸入注意到的事情、想要傳達的意見。
前面加註半形的「＠」再輸入對方的郵件地址，能夠標示是留給誰的訊息。

由於註解直接顯示於指定的位置，「請再次確認方格 D14 的內容」和「請輸入方格 F28 的資料」等，不必尋找需要修正的方格。
前面加註＠後，註解內容會自動以郵件通知對方。點擊郵件內記載的連結網址，可直接開啟 Google 試算表、顯示對應的位置，立即進行確認。另外，多虧 Google 試算表和 Gmail 以雲端連結資料，我們可直接從郵件回覆註解，這正是所謂的**多人共用的複合 App**。
〔註解〕會以訊息串的形式即時更新討論內容。

圖表 4-13 在雲端上使用〔註解〕功能共同協商

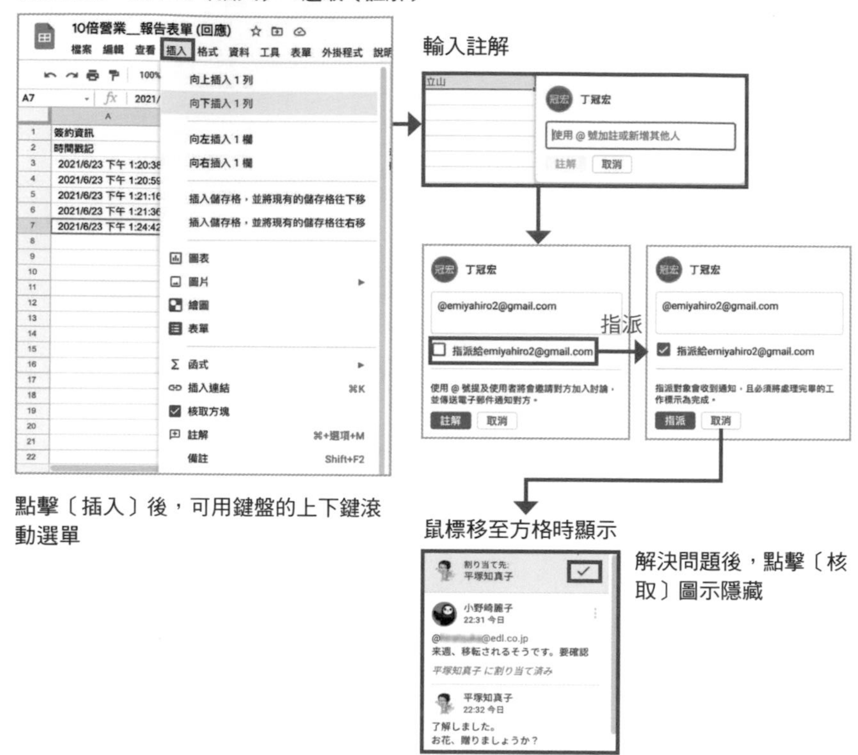

若與共用對象同時查看檔案的話，可宛若聊天般迅速解決問題。由於不需要如同電子郵件的招呼語、署名，整個過程能夠一切從簡。

有時工作上也會遇到「能夠問這點小事嗎？」等的「瑣碎問題」。在遠距環境下，難以掌握向上司、同仁確認的時機，容易不斷累積小疙瘩。使用〔註解〕功能後，對方能夠在方便的時候確認，回覆也不需要花費太多工夫，自己也不會遇到「想著想著就忘記問了！」的情況。

如圖表 **4-13** 所示，若問題獲得解決的話，點擊註解右上角的**「核取」圖示**，標示成**〔解決〕**。標示〔解決〕後，註解便會從畫面上消失，但這並非刪除而是〔隱藏〕起來，之後還是能夠再做確認。

只要在公司內部規定**「讓畫面僅顯示未解決的註解」**，就可避免讀到已解決的註解而浪費時間。

〔指派〕又被稱為**「執行項目（action item）」**，可將單純的註解昇華成針對被指派人的**「作業」**，是帶有「要確實處理這件事！」強烈意味的功能。

當被指派人注意到註解，解決並點擊〔核取〕圖示後，指派人會收到「完成通知」的郵件。換言之，指派人會自動追蹤該註解。

事先準備好能夠掌握所有相關人員的進度狀況，成員間可於 Google 試算表上共同作業的環境後，經理人僅需要管理匯出的資料。

如此一來，**即便處於遠距辦公環境，也可營造比實際碰面更靈活的溝通交流**。

明明對方不在眼前，卻能夠在雲端上一起操作相同的檔案，這樣的體驗相當新穎且有趣。

你的一句話也有可能大幅鼓舞團隊的士氣，添加表情符號、稍微激勵幾句話等等，試著巧妙地添加具體的心情。

相較於 Excel 文書軟體，Google 試算表**大幅改進**人與人之間的**「確認調整」**功能。

除了統計製作圖表的表格計算功能外，也可當作「確認調整的裝置」運用。

〔自動儲存〕為「版本」管理帶來革命

話說回來，你現在仍是每次更新檔案，就為檔案名稱添加新的日期、編號，不斷增加檔案數量嗎？

的確，檔案的命名規則對組織的資訊共用很重要。

以名稱管理最新版本，過去一直被認為是聰明的做法。

然而，這個方法存在許多問題。

每次更新製作新檔案，常會遇到挖洞給自己跳的窘境：

- **光由檔案名稱看不出哪個是最新版本**
- **更新過程中產生多個〔正確檔案〕**

是時候重新審視這個習慣了，一起在同一個檔案上管理版本。

「咦？在同一個檔案上？」讀者可能會想這麼問。

如前所述，Google 的 App 會自動儲存檔案。

其實，儲存的檔案都有留存下來。這些檔案存在什麼地方呢？

請從 Google 試算表選單列的**〔檔案〕**，點擊**〔版本記錄〕**中的**〔查看版本記錄〕**（**圖表 4-14**）。

選擇〔查看版本記錄〕後，畫面右側會顯示版本紀錄清單，隨時都能夠點選喜歡的版本。

開啟〔查看版本記錄〕後，會以不同顏色表示變更的內容，與上一個版本的異同一目瞭然。我們可以直接還原該版本，也可複製作成新的檔案。

Google 試算表每次關閉，都會自動儲存更新的內容。

即便不小心按到分頁的〔×〕按鈕關掉或者電腦當機，不必再感到背脊發涼了。由於檔案關閉時會自動儲存，可由其他數位裝置立即繼續先前的作業。

不過，長時間編輯作業的存檔時機是由 Google 的 AI 決定，經常會遇到想要恢復 10 分鐘前的狀態，卻遺憾地發現沒有相關記錄。然而，這個問題也有解決方法。

如同〔覆蓋儲存〕的功能，我們可自己決定存檔的時間點，**點擊〔版本記錄〕中的〔為目前的版本命名〕**，自己取檔案名稱就行了。

先前陸續增加的「最新版本」，全部都可統整於一個檔案內管理。

一起善用自動儲存的功能，與過去為伍，更靈活地運用 Google 試算表。

圖表 4-14 在同一個檔案上管理最新版本與舊有版本

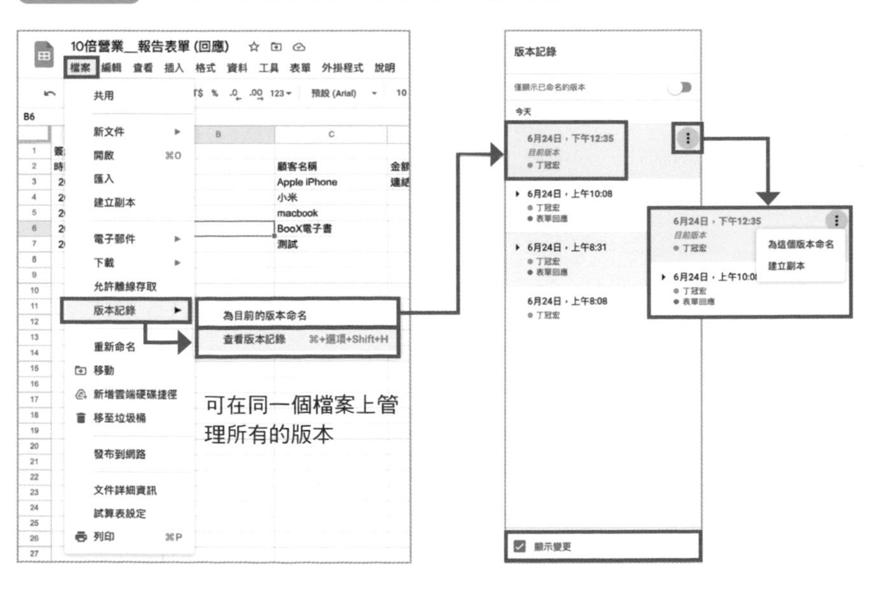

愛上「問題」，而不是「答案」

「那麼，我到底該怎麼辦才好？」

對方已經停止思考，露出一臉困擾的神情。

此時，你能夠怎麼幫助對方呢？

2019 年於日本首度舉辦的 Google「Innovator Academy（創新學院）」，一開場就拋出這個訴求：

Fall in love with the problem, not the solution.

（愛上問題，而不是答案。）

圖表 4-15 Innovator Academy 的投影片

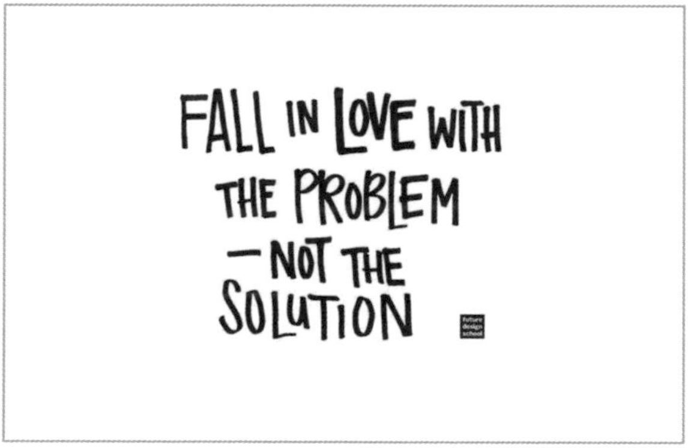

（資料來源：Future Design School）

剛聽到時，內心會覺得不可思議。然而，仔細咀嚼這句話，會發現的確是如此。

雖然人人討厭面對「問題」，但更不應該選擇逃避。Google 引領我們的思維，總是令人感到新穎宛如當頭棒喝。

許多人認為創新來自於美妙的點子，但事實卻不是如此，創新**是來自美妙的問題——應該解決的問題**。

換言之，我們得先定義問題，才有辦法討論解決問題的答案。為此，需要多方面蒐集客觀的資訊、數據，分析當前情況、處於什麼狀態後，才能夠直搗問題的本質。

正因如此，才會說**「問題」比答案更為重要**。

雖說如此，許多時候只有當事人能夠看出問題。
反之，當事人看不清問題的情況也很常發生。
然而，**讓所有人察覺問題**，可說是共享第一線資訊的目的之一。一起蒐集、分析、共享資訊，提升解決問題的速度吧！

保管程序

3 不需整理就可快速找出相關資訊的「Google 雲端硬碟」

面對疫後新常態，「紙本問題」如今蔚為話題。

最近，人們紛紛議論，進辦公室確認、蓋章紙本文件，限制了遠距辦公的可能性。

的確，使用印表機列印文件，是辦公室的日常光景。

乍看之下，印表機是分也是分不開的工作夥伴。郵件、傳真都需要以紙本傳送，重要契約、文件的確認需要長官蓋章。難道就只能夠放棄遠距辦公了嗎？

不，答案是否定的。

雖然紙本文化難以完全消失，但我們能夠縮減對紙本的依賴。只要沒有改變紙本文化，別說 10 倍效率了，甚至無法提升生產力。

各位聽到「**每週 8 小時**」有想到什麼嗎？

這是一般商務人士**為尋找資料、數據所花費的時間**[37]。

每週 8 小時，相當於浪費了一整個工作天。

尋找每份資料僅需要 5 分鐘、10 分鐘，但一天卻會發生好幾次，相信你也不例外。不過，花費這麼多的時間是在尋找什麼呢？

想要縮減時間的浪費，有兩件馬上能夠做的事情：

第一件事情是，**讓資料能夠檢索搜尋**，這必須先將實體的紙本文件數位化。

[37] 資料來源：「2016 年雲端 IT 的現況報告」BetterCloud Monitor 2016 年 1 月 19 日 https://www.bettercloud.com/monitor/state-of-cloud-it-2016/（訪問日期：2020 年 10 月 18 日）。

就算數位文件有好幾百頁，也能夠在一瞬間搜尋出來。

不過，並非數位化就解決一切問題。

Dropbox、OneDrive、iCloud 等等，你是否也將資料存放於各個雲端硬碟呢？

LINE、Facebook、Chatwork、Slack 等等，你應該也常忘記是在哪邊討論的吧！

明明好不容易完成數位化，卻因「IT 落差」而感到不方便，**問題就出在資訊的「儲存場所」**。

第二件事情是，**儲存於可統一管理資訊的場所**。

以日本發行的交通 IC 卡 PASMO、Suica 為例。

以前每次都得在售票機前排隊購買車票，但最近公車、計程車、便利商店的購物，全都能夠用一張 IC 卡搞定。若你能夠統一管理各種資訊、App 製作的文件、資料，可以省下多少時間呢？

如同無法數位化所有的紙本文件，不存在統一管理所有數位資訊的方法。不過，我們能夠統一管理以 Google Apps 製作、蒐集的資料。

為什麼 Google 雲端硬碟好比哆啦 A 夢的「四次元百寶袋」

Google 雲端硬碟是能夠統一管理蒐集資訊的可靠夥伴。

它是能夠儲存各種資料，肯定可找出相關資訊的「發現裝置」。

「有聽過，但沒有實際用過。」

「曾經用過但不習慣，後來就放棄了。」

許多人會這樣想吧！但請各位放心。

Google 雲端硬碟的最大優勢，就在於**高準確度的搜尋功能**。

對筆者來說，Google 雲端硬碟就好比**哆啦 A 夢的秘密道具、四次元百寶**袋。

先將「工作上需要的資訊」全部丟進百寶袋，之後只要將手伸進去，就能夠自動篩選馬上取出想要的東西。以 Google 雲端硬碟來說，自動篩選的功能就是搜尋功能。

然而，如同哆啦 A 夢的秘密道具「取物袋（取物皮包）」，並非手伸進去便能夠憑空取出任何東西，**自己必須事先將東西裝入袋中**才行。

然後，**Google 雲端硬碟比四次元百寶袋更厲害的地方**是，連結 A 先生的四次元百寶袋和 B 先生的四次元百寶袋的**「共用」功能**。

換言之，裝進 A 先生四次元百寶袋的資訊，B 先生能夠從自己的百寶袋中取出。

圖表 4-16 Google 雲端硬碟是進化版的哆啦 A 夢四次元百寶袋

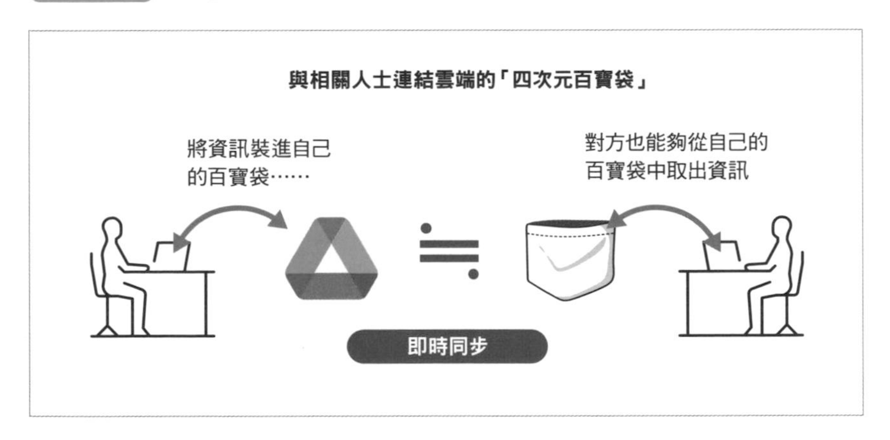

雖然這樣問很唐突，但你知道 Google 肩負的使命嗎？該**使命**自 1998 年創業以來一直沒有改變，至今仍舊刊登於官方網站上（**圖表 4-17**）。

圖表 4-17 Google 的使命

Google 關於 產品 承諾 故事

我們的使命是匯整全球資訊，供大眾使用，使人人受惠。

（資料來源：Google 官網[38]）

英文原文如下：

Our mission is to organize the world's information and make it universally accessible and useful.

眾所皆知，Google 搜尋是全球規模最大的免費搜尋引擎，簡單幾個操作就可在數分之一秒間獲得高關聯性的搜尋結果。

然後，除了全球公開的網站資訊外，**存於 Google 雲端硬碟的「你的非公開資訊」、「他人分享的限制公開資訊」**，也可透過其搜尋與 AI 技術，**實現隨時隨地取得的狀態**。

能夠簡單迅速地找到相關檔案，是使用 Google 服務的優勢。

- **將使用、共用的檔案儲存於 Google 雲端硬碟**
- **以純雲端原生的 Google App 製作文件等**

做到以上兩點，熟練 Google 產品後，才算是實現「真正的縮短時間」。

[38] 資料來源：「Google 的使命」」https://about.google/intl/ja/（訪問日期：2020 年 10 月 18 日）

將資料的儲存位置全部轉為 Google 的雲端伺服器，正因為 Google 的「共用（分享）」概念滲透全球各個角落，我們才獲得可即時取得資訊的環境。

迅速找到目標資料的三個技巧

你是擅長搜尋可迅速找到目標資料的人？還是不擅長搜尋的人呢？
搜尋力，也是遠距強者和遠距弱者的分水嶺。
現在，就來介紹在 Google 雲端硬碟迅速取得資料的三個私藏技巧。

技巧 1 **從〔近期存取〕尋找**
技巧 2 **從〔我的雲端硬碟〕中的〔活動〕、〔詳細資料〕尋找**
技巧 3 **在〔在雲端硬碟中搜尋〕輸入關鍵字後，設定條件進行篩選**

趕緊一探究竟吧（**圖表 4-18**）！

技巧 1 從「近期存取」尋找

首先，請看由〔Launcher〕存取 Google 雲端硬碟的畫面左側。
〔**近期存取**〕會依照最近自己使用的順序，同時列出〔我的雲端硬碟〕和〔與我共用〕的檔案。**〔我的雲端硬碟〕存放了自己為擁有者的檔案，而〔與我共用〕存放了由他人分享的檔案**。

圖表 4-18 迅速取得目標資料

雲端硬碟找出目標檔案的三個技巧

技巧 1
從〔近期存取〕尋找

技巧 2
在〔在雲端硬碟中搜尋〕後，設定條件進行篩選

技巧 3
從〔我的雲端硬碟〕的〔活動〕、〔詳細資料〕尋找

技巧 2 從〔我的雲端硬碟〕的〔活動〕、〔詳細資料〕尋找

這是除了自己的檔案外，也從〔活動〕尋找團隊共用檔案的方法。

選擇〔我的雲端硬碟〕後，點擊右上角的資訊圖示〔 i 〕。若顯示〔詳細資料〕的話，點擊旁邊的〔活動〕切換畫面。

當有人變更了 Google 雲端的檔案時，會以活動記錄列出變更的內容與修改人。團隊成員更新的檔案是現在正進行的企劃，即便分散異地辦公，也能夠感受到其他人的努力。

技巧 3 在〔在雲端硬碟中搜尋〕後，設定條件進行篩選

最後是從整個 Google 雲端硬碟搜尋目標資料的方法。

首先，在最上面顯示的〔在雲端硬碟中搜尋〕輸入關鍵字。

接著，將游標移至右邊點擊「調節面板」的圖示，可設定多個條件「篩選搜尋」。

除了檔案類型、儲存位置外，〔共用者〕可搜尋與誰共用的檔案、〔追蹤項目〕可搜尋註解指派給自己的檔案等等，也能夠設定 Google 雲端硬碟才有的搜尋條件。

Google 雲端硬碟中的各種文件**能夠全文檢索**，務必嘗試**〔包含字詞〕**搜尋看看。**光學字元辨識（OCR）技術能夠搜尋 PDF、圖像中的文字**，除了可搜尋檔案名稱，全文檢索的速度也相當快。

不需要放棄檔案的所有權

以前與其他人分享資訊時，會使用郵件的附加檔案功能。

即便是使用網路硬碟，也得先上傳檔案再由對方下載。每當遇到修正內容，就必須再次上傳、重新共用。

與此相對，Google 的「共用」是賦予對方編輯、註解、閱覽**「原始檔案」本身**的權限。因此，無論是誰變更，都能夠一直共用最新狀態。

藉由 Google 雲端硬碟，能夠完全省去郵件的「往返」、雲端與終端設備的「往返」。

那麼，「誰」能夠賦予對方權限呢？答案是「擁有者」。

擁有者能夠決定與「誰」共用、賦予「哪種權限」、存續「多久的時間」。

使用郵件附加共用檔案的話，擁有者會喪失該附加檔案的所有權，無從得知有沒有遭到複製、轉寄。郵件一旦寄出，即便不想再讓對方閱覽，也沒有辦法補救。

圖表 4-19 檔案擁有者、編輯者、閱覽者的權限

點擊〔共用〕按鈕，選擇賦予對方的權限，與他人共用檔案、檔案夾。共同編輯人也會收到通知郵件

	刪除檔案、檔案夾	新增檔案、檔案夾	共用或者解除共用檔案、檔案夾	編輯檔案	加註檔案或者提議修改	顯示檔案、檔案夾
擁有者	✓	✓	✓	✓	✓	✓
編輯者	✓	✓	✓	✓	✓	✓
加註者					✓	✓
檢視者						✓

然而，使用 Google 雲端硬碟的話，只要擁有者解除檔案的共用設定，剛才還能夠閱覽的檔案，立即就會變成無法檢視。

另外，**即便設定共用後，也能夠禁止下載、列印、傳送**檔案。

擁有者有權利決定是否賦予對方與自己相同的權限。

為什麼建設公司可輕易捨棄斥資 1300 萬日圓的系統

「巧妙運用 IT 最新科技，能夠縮短工作時間、提升整體生產力。這絕對也要讓員工熟練活用，才不會在未來慘遭淘汰。」
內心如此確信，決定「好！我們的公司也導入吧！」後，員工卻一臉認真地反駁：「老闆！拜託不要用這麼奇怪的 IT 工具啦！」
如果是你的話，會怎麼辦呢？現在，就來分享有趣的案例。

雖然這麼說顯得失禮，但這是擁有不少 IT 弱者的建設公司，各單位所有主力成員不到一年就成長為 IT 強者，不但大幅降低成本還提升生產力的案例。
雖然日本建築業獲得日本政府放寬適用延長工時上限規定的期限[39]，1901 年創業、身為第四代接班人的平山秀樹執行長（建設旅館業，50 歲），卻確信今後無法避免 IT 帶來的工作型態改革，早於 10 幾年前就全面導入 Gmail。

然而，儘管自己覺得相當便利，員工卻對 IT 顯得興致缺缺。
於是，執行長在 2016 年大膽決定斥資 1300 萬日圓導入營業輔助系統，想將營業負責人傾向自留的客戶資訊、案件進度、客戶案例等，有關營業活動的資訊轉為數位資料擴大活用，期待能夠提升營業的生產力、增進第一線的工作效率，但想要系統符合自家公司的需求，需要相當程度的客製化。

---

[39] 資料來源：「建設業的勞動方式改革」日本國土交通省 https://www.mlit.go.jp/common/001189945.pdf（2020 年 10 月 18 日）。

儘管鐵了心投注高額的預算，員工的反應卻不盡理想。
前述的「老闆！拜託不要用這麼奇怪的 IT 工具啦！」就是這個時期聽到的反應。

這必須趕緊採取對策才行，但該怎麼做才能夠讓員工提起幹勁、產生興趣呢？擅長 IT 的平山執行長完全沒有任何頭緒。
即便與大家共用 Google 文件並表示：「這很方便，你們也嘗試看看。」員工也沒有什麼反應。再這樣下去會慘遭社會淘汰，僅有執行長一人愈來愈著急。

此時，執行長想到：「或許可以找外部人士幫忙。」於是，找上筆者討論解決辦法。我一開始先辦了一場 Google 活用初級研習。
訓練的重點不在解說功能、操作方式，而是**在什麼場面具有什麼樣的優勢、使用雲端服務能夠改變什麼**，一面協助員工實際操作，一面讓他們自行體驗效果、對今後產生期待。
第一天研習，由身為「工作方式改革委員會」成員的各單位主力員工參加，調整行程安排後實施了兩回訓練。
筆者在研習上強調以下兩個用法，**將思維從「獨有」轉為「分享」**。換言之，

1. **不是單一使用 Google 的 App，而是結合多個 App 來使用**
2. **不是一個人使用 Google 的 App，而是與所有相關員工共用**

以此次研習為契機，員工們逐漸改變工作方式。員工們邊嘗試錯誤邊用 Google Apps 客製化，試圖改進自己在第一線感到效率不佳的各項業務。然後，筆者看準時機，決定舉辦一場由員工上場的 Google 活用發表會。

結果，某位員工發想的 Google 試算表結構，所有人皆認同能夠提升生產力。筆者也在現場實際感受到，公司內部醞釀出「我們也能辦到！」的氛圍。

後來，員工們明確地表示：「不必再更新花費 1300 萬日圓的系統了。」下面就來聽聽平山執行長倍感驚訝的心得。

平山執行長的心得分享

收到員工的報告時，真的感到非常驚訝。

我原本認為即便導入雲端，仍舊需要作業平台、營業輔助系統等服務，才有辦法討論今後的發展方向。然而，員工紛紛向相關單位反應：「我們可以自己建立最佳的資料共用環境。」這股幹勁讓我感到非常欣慰。

員工表示只要各單位協商好，開會便足以實現部門間的橫向連結。這完全是預料之外的情況，真的令我非常驚豔。

以前，大家光是自己的事情就忙不過來了，起初就算拋出：「再這樣下去可不行，大家覺得該怎麼辦？」的提問，但比起激盪想法，員工更傾向於被動接受命令：「那麼，老闆覺得該怎麼辦？」結果，執行長只好親自跳下來處理。

雖然聽起來像是自誇，但我從 20 幾年前就開始學習 IT 的相關知識。原本以為靠著過去累積的簡報經驗，自己一個人也能夠向員工傳達 IT 的價值，沒想到事與願違。

我也參加了這次的研習，與員工們一同學習 Google 活用技巧、基本的 IT 常識，注意到培養「IT 素養」的重要性。第一次感受到公司內部具有共通的工作語言，體會到整個公司已經建立起迎接各種改變的基底。

核心成員若能夠在這次研習確實掌握正式技巧，肯定有助於公司內部的橫向發展。沒想到一轉眼就擴散開來，著實令我感到驚訝。

我過去認為 App 必須「照著 IT 公司的說明來使用」，但現在知道使用 Google 文件、試算表「可依照我們自己的想法來使用」。然後，當我們成功地「改善業務」的時候，也會對自己產生信心。

有些員工會帶頭嘗試不同的做法，如使用 Google 協作平台製作公司內部用的入口網站；巧妙地更動 Google 日曆增加便利性，這些拋磚引玉的成果形成內部的範本，後來逐漸變成固定的做法。

原本想用 Google 試算表做到與過往業務流量系統同樣的事情，結果發現這並不可行。於是，最近開始思索如何活用 Google 試算表的特性增進系統效率。

不過，IT 工具一直都存在資安防護的問題，使用 Word、Excel 製作的文件，公司內部難以根據使用對象設定不同程度的權限，委託網路相關的開發團隊也需要高額費用。

然而，Google 試算表、文件確實設定完成後，就不必擔心資安防護。想要提升業務效率的話，只要逐步改變過去的工作方式、思維，再結合 Google 試算表、文件就能夠帶來卓越的效果。

主力員工落實了平山執行長所說的「IT 素養」，且提升了主動解決自身問題的「行動力」和「公司內部的連結力」。這兩項改變大幅降低了公司成本，也鍛鍊了創造 10 倍生產力的組織深層肌肉。

最後，筆者再來分享進一步加速成長的私藏方法。
這也可作為閱讀本書後，發現需要更詳盡的操作畫面、與範例圖片相差過多時的處理方法。這個方法就是 **Google 搜尋**，使用時請留意以下三個重點：

第一是**「直接搜尋」**。將腦中浮現的疑問，**直接拆解成關鍵字輸入**。
例如，浮現「想要隱藏 Google 試算表的這條線，但不曉得這條線叫什麼」的想法時，可以**「Google 試算表 線 隱藏」**進行搜尋。如此一來，搜尋結果應該會出現「格線」。
操作技巧就如同對 Google 的 AI 搭話，直接輸入想到的疑問。**反覆對話進行搜尋**，能夠高準確度地獲得想要的答案。

第二是**讓搜尋結果僅顯示最新資訊。在顯示搜尋結果「後」，點擊關鍵字輸入欄右下角的〔工具〕**，接著將**〔不限時間〕**改為**〔過去 1 年〕**，就能夠迅速瀏覽最近的最新資訊。

第三是**以「影片」、「圖片」搜尋**，意外地能夠找到優質的資訊。

一起成為能夠瞬間取得自己真正需要的資料，迅速自行解決問題的遠距強者吧！

Column 2 Google 孕育「快速失敗」文化的理由

2019 年，在首次日本舉辦的 Google Innovator Academy，介紹了「設計思考（Design thinking）」的概念。

一提到「Design」，容易認為「這是設計師事情吧？」但這個詞本來是「進行設計」的意思，描述解決**創造性問題的過程**。

設計思考是，Google 等眾多大型企業採用的「找出用戶尚未意識到的基本需求，為社會帶來變革的創新思考」。

社會上，許多人需要事前審慎計劃、建立準確的預測、製作正確的企劃書、考量各種風險，但這樣過於花費時間。

設計思考的流程是，反覆「**觀察**」→「**構想點子**」→「**製作樣品**」→「**測試**」，**盡可能及早付諸實行**。Google 提倡「**Fail fast.（快速失敗）**」的精神，與其迴避失敗，不如**趕快失敗從中學習**。失敗後不需要灰心喪志，為了判斷可否引導下一步行動，失敗是不可欠缺的過程。

Google 孕有以失敗搖鈴（fail bell）慶祝失敗的文化，下圖是向 Google Innovator Academy 講師借用的**實物**。

每遇到有人失敗的時候，就搖響搖鈴盛大慶祝：「恭喜失敗了！」

這樣**開放心胸的文化**造就了 Google 的 10 倍效率。過去的常識講求全部完成、做到完美的狀態才展現給別人看，但 Google 提倡的觀點卻是「**即便做得不好、尚未完成都沒有關係！勇於全部展現出來，借用夥伴的力量來改善**」、「**重要的是及早從中學習**」。

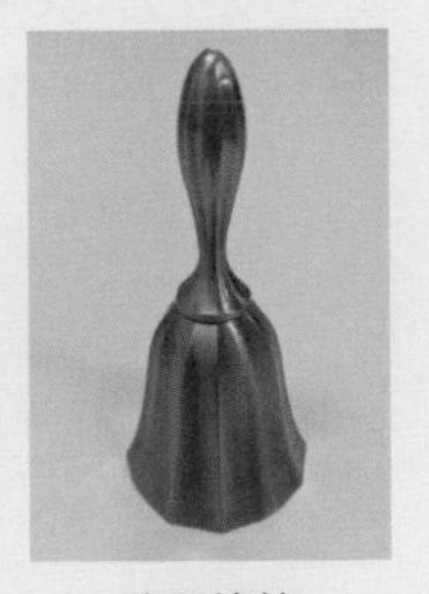

失敗搖鈴
（筆者拍攝）

CHAPTER 5

Google 的 10 倍管理術

課題

將遠距管理拆解成三個程序……

解決對策

熱忱管理	資安管理	任務管理
Google Classroom	Google帳戶	Google Keep

達成目標 兩人三腳	安全地管理 組織資訊	以次世代筆記本 管理任務

目標

即便遠距管理，大家也能夠發揮 10 倍的力量

事例

實現零管理！

遠距管理找不到搭話、建議的時機

「對於回覆緩慢的下屬，態度不知不覺中變得愈來愈差。」
「最近，感覺與下屬的交流變得很少……」
「沒辦法實際碰面，究竟該怎麼管理下屬的業務才好。」

抱有這類煩惱的領導人有福了。
在從「當面工作」轉變為「遠距辦公」的巨大洪流中，是不是對自己的管理方式產生疑問、覺得好像哪邊出了問題呢？
你的感覺並沒有錯。

工作環境已經與過去截然不同。
以前適用的方法，往後未必能夠依然順利。
那麼，有什麼新的思維、方法適合遠距管理分散異地的下屬和團隊成員呢？
「Management」一詞帶有上司隨心所欲管轄下屬的意思，從而衍伸管理職的階級。
然而，Management 的真正目的是**「人們共同創造成果」**，管理不過是一種手段而已。
Management 主要是**負責發揮人的長處，為組織創造高效的成果**。

先不論是否使用數位工具，上司被期待採取什麼樣的行動呢？
在齊聚全球最優秀人才的 Google 企業，什麼樣的人會受到下屬尊敬為「最棒的上司」呢？

由 2009 年大規模公司內部調查企劃的結果，已經推導出傑出經理人的條件，並統整成 **Google 的 10 個行為特質**。
究竟是哪些行為特質呢？

Google 成功經理人的 10 個特質

Google 在 2002 年進行了「廢除所有經理人，建立沒有管理職的組織」的獨特實驗。
當時的 Google 認為：「對科技公司的 Google 來說，最重要的是可讓工程師盡情發揮長才的工作環境。因此，經理人充其量只是必要之惡。」
於是，Google 實際執行該實驗想要證明這個假說正確。
然而，實驗卻以「失敗」收場。2008 年，調查團隊也嘗試證明「經理人並非重要的存在」，卻得到完全相反的結論。換言之，經理人是極為重要的存在。

2009 年，Google 實施名為「Project Oxygen」的調查企劃，展現 Google 認為**經理人是 Oxygen（氧氣）**的想法，討論主題終於從「經理人重要嗎？」轉為「所有 Google 員工都有幸擁有傑出經理人會如何？」開始調查成為 Google 傑出經理人的條件。
Google 於 Project Oxygen 分析了大量的資料。
結果，分析得到的**傑出經理人共同特質**，就連谷歌人也出乎預料：「我們自己最感到驚訝。」
下頁**圖表 5-1** 是，由眾多研究成果所推導的 **Google「傑出經理人條件」**。

圖表 5-1 Google 的「傑出經理人條件」

re:Work

Google 經理人的行為特質

1 是一位好教練	2 授權團隊，不微觀管理
3 充分顧慮工作成果與團隊健康，營造兼容並蓄的（inclusive）工作環境	4 追求生產力、結果導向
5 擅長有效溝通，樂於聆聽、分享資訊	6 輔助下屬職涯開發、互相討論工作表現
7 與團隊共享清晰的遠景與策略	8 具有給予團隊建議的專業知識
9 可跨越部門籓籬協同合作	10 具有決斷力

（資料來源：Google 官網[40]）

40 資料來源：「指引：傑出經理人的特質」Google re:Work https://rework.withgoogle.com/jp/guides/managers-identify-what-makes-a-great-manager/（日期：2020 年 10 月 18 日）。

原本還想說走在世界最前端的 Google，會得到不同凡響的結果，沒想到結論意外得理所當然——讀者可能會這樣覺得吧！
按照**欲重視的順序**排列這十個行為特質，會發現「願景與策略」之前的特質，與引出下屬能力的**「關聯性」**、**「對話的必要性」**有關。

自己有什麼地方不足？其他碰壁的團隊經理人如何呢？諸如此類的問題可作為經理人之間討論的話題。
在實施這項調查之前，Google 的工作方針是，盡可能讓優秀的技術人員自由發揮，當遇到困難再由技術傑出的經理人給予指導。
然而，以一萬人以上的管理職為分析對象，設定超過 100 個變數的資料後，卻發現之前備受重視的**「技術力」的優先順位最低**。
於是，Google 立即撤回先前的策略。左頁的「Google 經理人的行為特質」，如今仍是管理開發程式的基本方針。
新方針的成效斐然，Google 成功地在內部培育出傑出的經理人。
各位不妨參考 Google 的經驗重新審視自己的管理方式。
然後，若能**僅以遠距方式向下屬實施**審視後的做法，你將不再僅是遠距強者，還會是位遠距管理強者。
本章會由**「熱忱管理」→「資安管理」→「任務管理」**等三個面向，討論如何激發所有人的力量、大幅提升團隊成果。

大幅改變遠距管理的三個 App

以下三個 App 是大幅改變遠距管理的武器：

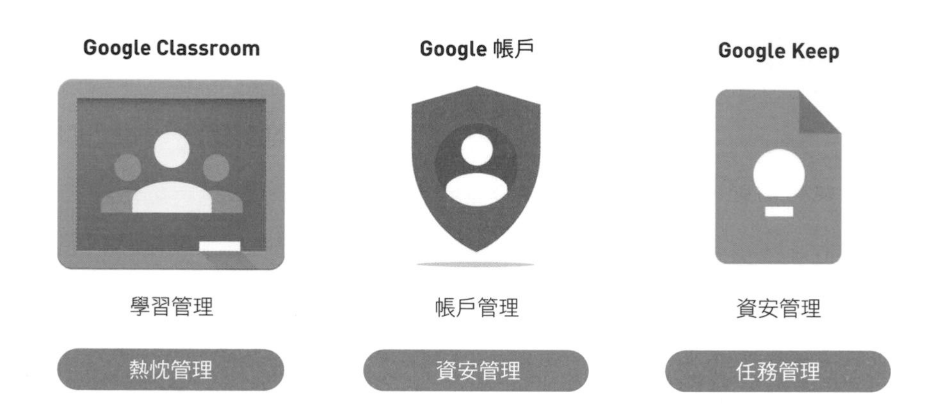

現在，就來介紹各個 App 吧！

熱忱管理：〔Google Classroom〕

如同字面上的意思，Google Classroom 是「雲端教室」的**學習管理 App**。

這是 Google 與美國教育工作者共同開發的應用程式，教師能夠透過 Google Classroom 統一收發作業、結算成績、回饋意見。

雖然這是教育用的數位工具，但一般企業也可用於員工的熱忱管理、新人研習。只要有這項數位工具，就宛若獲得團隊專用的「虛擬辦公室」。諸如課題、預定行程、檔案等，所有資料都能夠以「班級」為單位來彙整，老師和學生能夠從班級的 Google 日曆、雲端硬碟，確認預定行程、取得相關資料。

資安管理：〔Google 帳戶〕

建立 Google 帳戶後，可利用 Google 提供的各種服務。而且，這個名為帳戶的 App[41] 是，會進一步強化你放在 Google 的資訊、隱私權、資安防護，是極為方便管理的優異應用程式。為了能夠安心使用雲端服務，先瞭解安全的使用方法。

任務管理：〔Google Keep〕

Google Keep 是 Google 的**商務向多功能筆記本 App**。

Google Keep 非常適合行動裝置，**語音輸入**、**記事新增照片**等等，能夠簡單直覺地操作。

Google Keep 也具備**提醒功能**。

提醒功能是指，事先對已決定的工作、預定行程設定期限，當期限將至時於電腦的「彈出式視窗」、智慧手機的「通知」提醒使用者的功能。

筆記本若無法隨時使用，就失去其記錄功能的意義。

Google Keep 可由各種終端設備即時與對方共用，以黏貼便利貼至對方桌子的感覺，跨越距離的限制完成「零碎的訊息傳達」。

另外，除了記事功能外，Google Keep 也能夠當作核對清單。團隊共享協作的業務時，Google Keep 可發揮任務管理的效用。

遠距強者會如何以這三個管理 App 實現新的經營管理呢？讓我們繼續看下去。

[41] 〔Google 帳戶〕常態顯示於〔Launcher〕中，或許嚴格來說不是「App」，但本書會當作一種 App（服務）來介紹。

1

熱忱管理

以「Classroom」常態設置對話場所

雖然這麼問很突然，但當每天都收到上司「現在在做什麼？」、「有好好工作嗎？」的訊息，你會有什麼樣的感受呢？

最近，愈來愈多上司以「因為下屬不積極行動」、「因為不主動想辦法，只想等待正確答案」為理由，強硬要求下屬每 30 分鐘回報、收到訊息後得在 10 分鐘內回覆。

像這樣過度管理的方式，稱為**「微觀管理（micromanagement）」**。

然而，這樣做真的有效果嗎？現在需要的做法**正好相反**。

如同前述「Google 經理人的行為特質」的第二項「授權團隊，不微觀管理」，經理人應該做的事情，不是管理或者監督而是**談話**。

試著從今天開始改變觀念，比起面對面談話，**遠距談話更具效果且容易執行**。這邊需要的武器是「Google Classroom」。

Google Classroom 好比「雲端教室」，也就是雲端上的學習場所。

Google Classroom 裡頭分為老師和學生兩種角色，商務人士使用的時候，請指派上司為老師、下屬為學生。

使用 Google Classroom 後，可在雲端上簡易即時**收發文件**等雜項事務。由於文件全部數位化，**即使本人不在現場，也能夠遠距完成雜項事務並留下記錄**。

雖然相同事務也可採取郵件附加檔案的做法，但 Google Classroom 能夠**更簡單地「統一管理資訊」**。

圖表 5-2 Google Classroom 可做到的事情與運用優勢

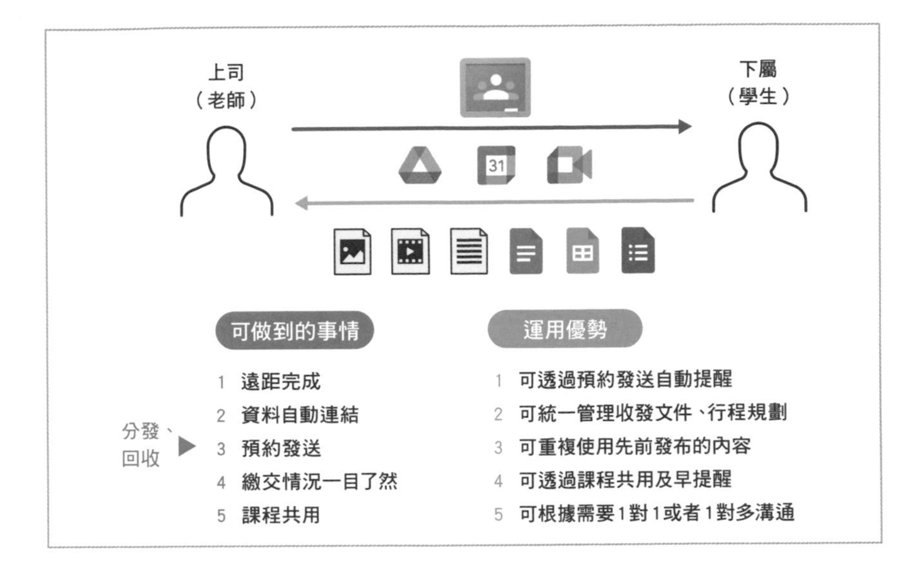

繳交的文件會**自動存至 Google 雲端硬碟**，設定期限的活動會**自動加入 Google 日曆**，不需要額外操作就能夠連結資料，完全省去每次尋找郵件的時間。

除了**圖表 5-2** 統整可做到的事情與運用優勢外，Google Classroom 還能夠自由設定相同成員的統一聯絡、個別連絡；預約發布內容等等，在閒暇的時間自動持續提醒、溝通互動。

例如，我們能夠有計劃地執行下述事務：

- **每月 1 次例行會議前填寫報告的催繳內容，最長可設定長達半年**
- **為了在期限內完成作業，事先設定自動於傍晚傳送訊息**
- **有空時先輸入聊天內容，再於適當的時間預約發布，創造讓員工分享週末休閒的機會等等**

在 Google Classroom 上發布的內容，也會自動寄送 Gmail 通知，不會發生遺漏的問題。即便經理人對多個下屬設定不同的文件繳交期限，也可於 Google 日曆統一管理，就不怕忘記了。

圖表 5-3 Google Classroom 的基本操作

1 由〔Launcher〕開啟

2 點選〔建立課程〕製作新課程

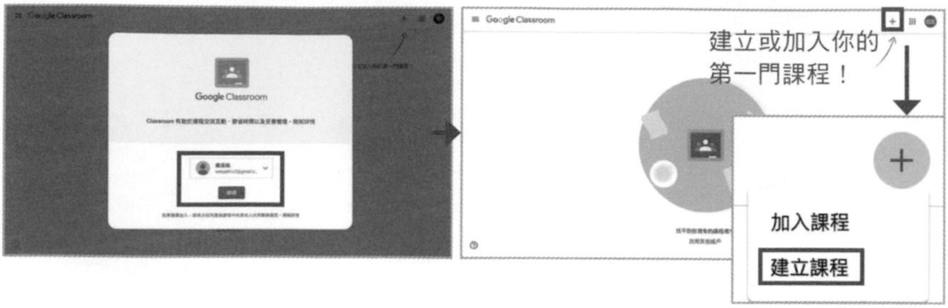

建立或加入你的第一門課程！

加入課程

建立課程

圖表 5-4 按照課程管理群組

Google Classroom 隨時都可建立課程，首頁會顯示加入的課程清單。

3 共用

由〔成員〕頁面邀請學生加入課程

一個課程的老師最多 20 人、成員（老師和學生）最多 250 人。

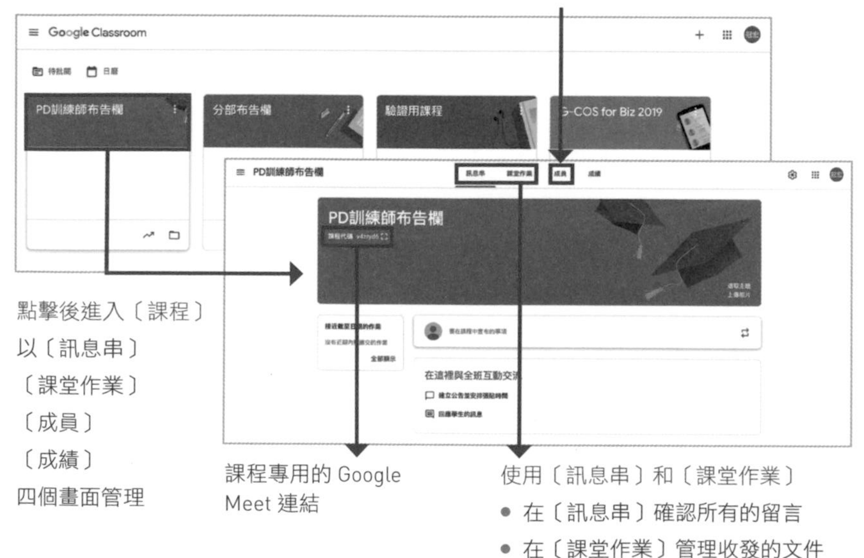

Google Classroom 能夠建立多個「課程」，邀請「老師」、「學生」參與各個課程，僅有受邀者會顯示課程，感覺像是在雲端上建立「秘密基地」。

如**圖表 5-3** 所示，進入 Google Classroom 後，點擊畫面右上角的〔＋〕，選擇〔建立課程〕，接著輸入〔課程名稱〕，最後點擊〔建立〕完成你的〔課程〕。建立課程、完成邀請成員後，首頁會如**圖表 5-4** 顯示多個的課程。

如何使用 Google Classroom 回覆員工、給予回饋？

每個員工都會想要知道，公司當前的目標與發展方向？所屬團隊該月的努力目標？自己應該採取什麼行動、做出什麼貢獻才會獲得認可？另外，員工也會希望自己的貢獻受到公司關注、工作結果獲得回饋。

圖表 5-5 遠距管理收發作業與互動

確認已讀訊息、催促未繳交者、管理已繳交的作業等，也能夠輕鬆完成！

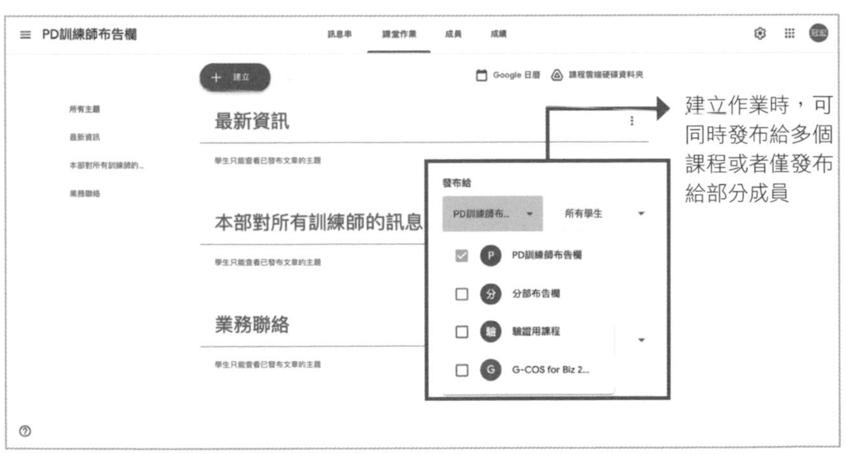

如今，經理人需要具備**建立對話循環**的能力。

想要了解員工的情況時，即便未直接碰面、撥打電話，也能夠使用 Google Classroom 統一聯絡。如上頁的**圖表 5-5** 所示，Google Classroom 能夠遠距自由地聯絡、分發、繳交，個別或者全體地傳送訊息。正因為是遠距管理，才能夠造就**輕鬆聯繫的環境**。

Google Classroom 和 Google Meet 彼此連結。

以 Google Meet 設置「**諮詢時間（office hour）**」，也不失為有效的辦法。

所謂的諮詢時間，是指上司待在自己的辦公室，接受成員個人提問、討論的時間，提供員工輕鬆尋求協助的環境。

Google Classroom 能夠建立多個課程，根據需要將所有成員集結至同一課程，或者建立僅邀請少數成員的課程，端看自己如何發揮巧思。

應該共用的資料會自動、確實地發布給對方，**即便分散異地也能夠視覺化掌握**下屬的想法、業務進展。請務必運用 Google Classroom 進行管理。

如何以「13 個秘密問題」成為 Google 的傑出上司

許多上司每天都為如何提升下屬的生產力煞費苦心。

該怎麼做才能夠提高下屬的幹勁？

該怎麼做才能夠促使下屬自己積極行動？

該怎麼做才能夠增進下屬的工作效率？

若知道答案的話，上司們就不用那麼辛苦了。

Google 官網公布了可立即辦到、非常簡單的方法，各位不妨嘗試這項已獲得驗證、效果絕佳的研究成果。

一般來說，回饋通常是上司給予下屬建議，而 Google 會定期舉行下屬給予上司意見的「向上回饋（upward feedback）調查 [*42]」。

Google 員工每半年需要回饋意見給經理人，當問卷有三人以上匿名回答後，經理人會收到統計後的回饋報告。

這個意見回饋的目的不是「評鑑」，而是「培育」經理人。

此做法透明、直截了當，效果非常顯著。

員工需要針對以下 13 個描述，填寫「非常同意」5 分到「完全不同意」1 分等評分。問題內容如下：

1. **我會推薦我的主管給其他人。**
2. **主管會給予伸展能力的機會，協助員工職涯發展。**
3. **主管有清楚溝通團隊的目標。**
4. **主管會定期提供可行的回饋建議。**
5. **主管會尊重員工在工作上的自主性（不微觀管理）。**
6. **主管會時常關心問候員工。**
7. **即便處境艱難，主管也會讓團隊專注於應優先完成的工作（在必要的時候，拒接其他的企劃、降低其他事情的優先順序等）。**
8. **主管會隨時傳達上層長官的重要決定。**
9. **過去半年，主管有認真和自己討論職涯發展。**
10. **主管具備有效管理下屬的專業知識（技術知識、銷售知識、財務知識等）。**
11. **由主管的行為可看出，即便意見相左也會尊重員工的觀點。**

[42] 資料來源：「指引：向經理人提供回饋意見」
Google re:Work https://rework.withgoogle.com/jp/guides/managers-give-feedback-to-managers/（訪問日期：2020 年 10 月 18 日）。

12. **即便處境艱難，主管也能夠做出傑出的決策（企劃涉及多個團隊、相關人員間的優先順序不同等情況）。**

13. **主管能夠有效執行跨越團隊、組織的協同合作。**

各個項目都是根據「Google 經理人的行為特質」的內容，Google 也於官網上提供可立即運用的 Google 文件、表單模板。

不覺得上司應該採取的行動變得相當具體清楚嗎？

只要做到這些事情，你也能夠成為傑出的上司。

回饋意見是，以自己的話語評論對方行為的技術。

正因為抱持重視對方、希望對方成功的想法，才能夠讓對方為之動容。

回饋的內容分為肯定的意見（積極回饋）和期望改善的意見（消極回饋），可從兩方面激發成員的熱忱。

首先，試著在 Google Classroom 設定能夠傾聽對方想法、提供相關資訊的對話環境。

下一節會介紹遠距辦公不可欠缺，安全安心地共用群組資訊的 Google 帳戶。

2

資安管理

以「Google 帳戶」安心使用雲端服務

雖然非常理所當然，但使用 Google 的服務需要建立「Google 帳戶」。重新提及每天都在用的「帳戶」，可能會讓許多人感到一頭霧水。

然而，多虧宛若安全金庫的帳戶，我們才能夠在雲端時代確實保護重要的資訊。

若還不清楚這點的話，你將仍舊是遠距弱者，可能會蒙受巨大的損失。

LINE、Yahoo、Twitter 各自的帳戶，沒辦法直接使用其他公司的服務，各服務的登入密碼也不盡相同。

在盛行遠距辦公的今日，所有資料都逐漸數位化，需要「帳戶」來安全地利用、保管資訊。

為了實現資安防護、保護隱私權，使用者也有幾個應該檢查的項目。當然，現在毫無頭緒也沒有關係，Google 帳戶會引導你完成正確的設定。

如何使用 Google 帳戶強化資安防護

只需要數分鐘的時間，就能夠確認目前 Google 帳戶的安全性。這也有助於提高公司的資安防護。

真的僅需要花費幾分鐘而已，請各位務必確認看看。

如**圖表 5-6** 所示，登入帳戶後先進行「**安全設定檢查**」。

是不是真的顯示「**發現重大安全性問題**」呢？（**圖表 5-6** ❹）

此時，請立即點擊〔**確保帳戶安全**〕，遵照畫面的指示強化安全性，直到顯示「**未發現任何問題**」。今後也請定期進執行安全設定檢查。

Google 帳戶可檢查的項目如下：

- **您的裝置**：可登出最近未使用的裝置
- **近期的安全性活動**：可確認最近登入的裝置是否為本人、最近是否有變更密碼
- **登入和救援項目**：可設定緊急救援的郵件地址、電話號碼等
- **登入 Google（僅手機登入時顯示）**：可設定使用智慧手機登入、兩步驟驗證。操作簡單卻極具效果，細節詳見下節的內容
- **第三方應用程式存取權**：可確認能夠存取機密資訊的第三方應用程式（third party）、利用 Google 帳號權限的 App 清單，不需要時可移除存取權
- **Gmail 設定**：可確認封鎖清單的寄件者名稱、郵件地址
- **您已儲存的密碼**：可確認帳戶儲存的密碼是否安全，檢查密碼有無外洩、重複使用或者低強度

圖表 5-6 以「安全設定檢查」強化資安防護

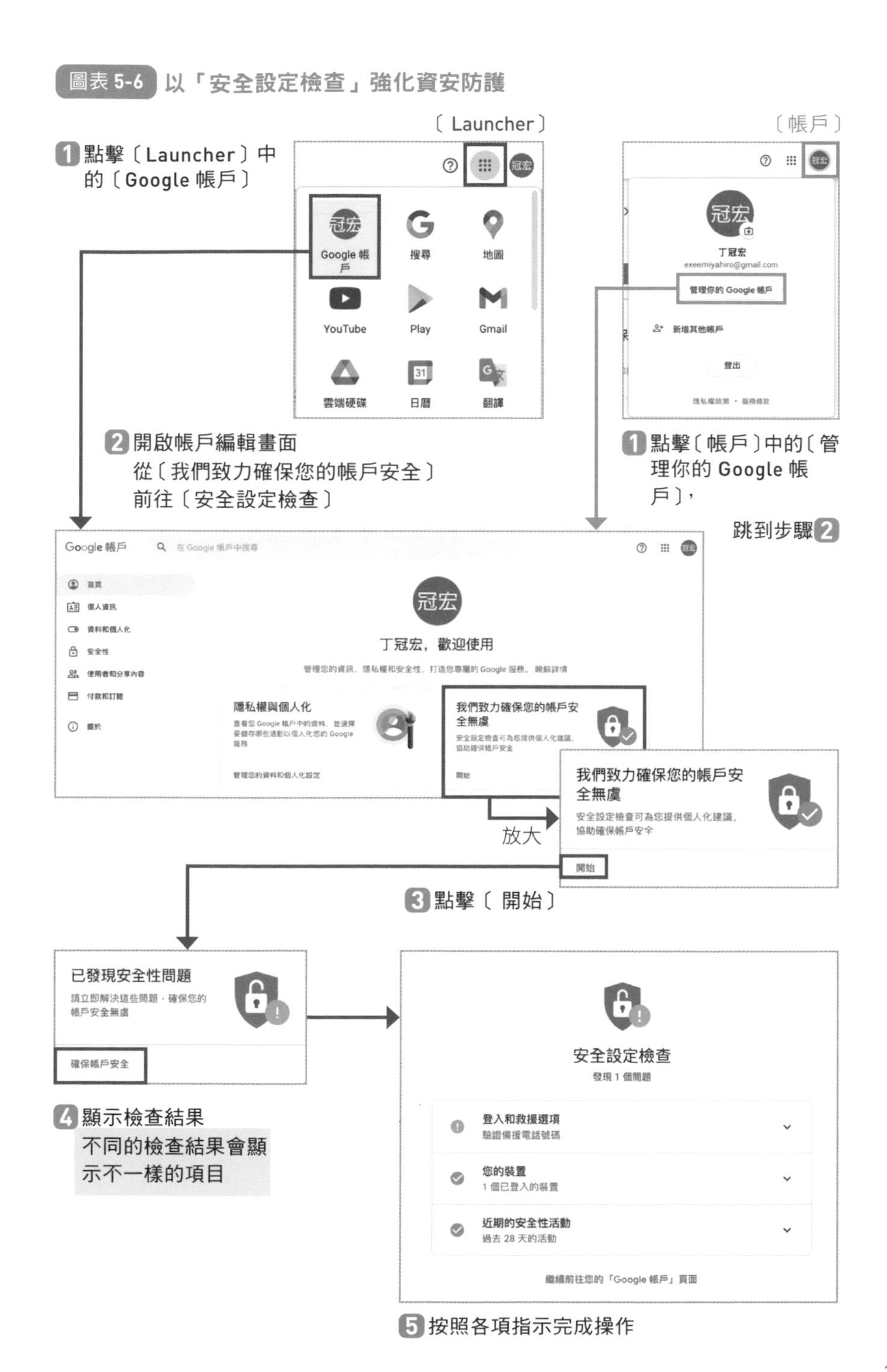

強化密碼與設定兩步驟驗證

在網路上竊取帳號的問題每天都在發生。

根據時間有點久遠的 2013 年報導，Google 曾經確認駭客連續好幾個禮拜每天嘗試登入 100 萬個 Google 帳戶。更恐怖的是，其他駭客團體甚至平均每秒企圖登入超過 100 個帳戶。

當無法使用帳號與內部資料時，情況會非常嚴重。為了以防萬一，遠距強者會**強化密碼與設定兩步驟驗證**。

僅需要做到這兩件事情，就能夠大幅度提升資訊防護。

首先來**強化密碼**。

你知道怎麼設定「絕對不會忘記的高強度密碼」嗎？筆者推薦使用「密詞（passphrase）」，這是我在雪梨的 Google 研修時學到的技巧。隨意想到的簡短密碼很容易遺忘，**密碼一定要遵守「想好規則再設定」的鐵則**。一旦決定好密碼的規則，就要嚴格遵守。

「密詞」是由「核心密碼」與「服務名稱」組合而成，重複使用相同的核心密碼，後面再加上服務名稱。如此一來，每項服務對應不同的密碼，大幅增加資訊的安全性。

五個步驟如下：

1. 首先決定**一個單字**（例：10 倍）→ tenx
2. 將字首和字尾改為**大寫字母**→ TenX

3. 加上偏好的**四位數字**（「一生一世」1314）→ TenX1314，**作為每次使用的「核心密碼」**
4. 加上**連字號和利用的服務名稱**→ TenX1314-Google
5. 最後加上**「！」、「＄」等符號**→ TenX1314-Google!

這樣就完成16個文字的密詞。超過12個大小寫文字、數字、特殊文字，且裡頭總是包含核心密碼，就是最強且不容易忘記的完美密詞（passphrase）。

另外，開啟**兩步驟驗證**的功能後，即便密碼外洩，也能夠防止帳戶遭到非法盜用。

根據Google針對紐約大學與加利福尼亞大學為期一年的調查結果，設定兩步驟驗證後，能夠100%防止由電腦外部遠距自動攻擊的殭屍病毒Bot[43]、99%防止針對不特定多數的網路釣魚攻擊、90%防止標的型攻擊[44]。

即便真的發生第一階段的登入密碼外洩，還有第二階段的驗證程序阻擋非法入侵，實現使用者等級的資安防護強化。

只要搜尋「Google兩步驟驗證」，就能找到簡單說明設定步驟的Google官方網頁。請務必要求所有成員設定兩步驟驗證。

隱私權跟資安防護同樣重要，平時沒有特別留心注意的人，不妨趁此機會考慮保護好不想對外公開的自身資料。

---

43 「殭屍電腦病毒」的簡稱。「無需人為操作自動執行的電腦程式總稱，屬於電腦病毒的一種，包含由外部自由執行惡意攻擊指令的程式、專門建立搜尋引擎資料庫軟體的搜尋機器人（Search Bot）等等。」（資料來源：小學館「數位大辭泉」）

44 資料來源：「最新研究結果：防止帳戶遭到非法利用的基本方法與效果」Google Japan Blog 2019年5月27日 https://japan.googleblog.com/2019/05/new-research-how-effective-is-basic.html（訪問日期：2020年10月18日）。

管理「隱私權設定檢查」

Google 帳戶本身就會連結並保護你的所有資料，將資料託付給 Google 可大幅提升便利性。使用者應該**管理** Google 所收集、各種服務所利用的資料，這也是現在需要具備的資訊運用能力之一。

Google 是第一間決定不販售通用臉部識別功能的大型企業，同時制定了禁止利用 AI 監視、販售的基本方針[45]。

Google 更於 2019 年導入活動管理的自動刪除功能[46]，可設定持續自動刪除三個月前或者 18 個月前定位記錄、搜尋、語音內容、YouTube 等活動記錄。

雖說如此，但每個人對隱私權的想法見仁見智，我們可使用「隱私權設定檢查」，選擇適合自己的 Google 帳戶隱私權設定。趕緊來看有哪些設定。

點擊 157 頁**圖表 5-6**「安全設定檢查」左側「隱私權與個人化」中的〔管理您的資料和個人化設定〕，就會在頁面頂端看到「您有可用的隱私權設定」。

如**圖表 5-7** 所示，點擊〔查看建議〕進行「隱私權設定檢查」後，確認各個可設定的項目，管理 Google 帳戶的資料。

[45] 資料來源：「Google 與 AI：我們的基本理念」Google Japan Blog 2018 年 6 月 18 日 https://japan.googleblog.com/2018/06/ai-principles.html（訪問日期：2020 年 10 月 3 日）。

[46] 資料來源：「安全保護使用者的資訊」Google Japan Blog 2020 年 6 月 26 日 https://japan.googleblog.com/2020/06/keeping-private-information-private.html（訪問日期：2020 年 10 月 8 日）。

在目前使用的帳戶中，依照項目選擇是否儲存活動記錄。選擇「開啟」後，能夠更快速地運用 Google 的服務中，如 Google 地圖的建議通勤路線、迅速顯示搜尋結果等等。這項作業需要自己逐項決定允許 Google 儲存哪些資訊。

圖表 5-7 「隱私權設定檢查」能夠做到的事情

由「您有可用的隱私權設定」中的「查看建議」開始

此頁面可設定的項目

- 活動控制項
  - ◇ 網路和應用程式活動
  - ◇ 定位記錄
  - ◇ YouTube 記錄
- 廣告設定
- 活動和時間軸
- 您建立的內容和執行的操作
- 帳戶儲存空間
- 下載、刪除資料，或為資料擬訂計劃
- 網頁版的一般偏好設定
- 預定記錄
- 商家功能

捲動頁面可顯示其他設定項目

3 管理任務

以「Google Keep」次世代遠距管理任務

你擁有大腦的「外接式硬碟」嗎？

若擁有的話，就不需要勉強自己的大腦記住事情。

雖然這邊說「外接式硬碟」，但不需要想得過於複雜。想必大家都曾將便利貼黏至電腦、筆記本吧？只要有這樣的經驗就足夠了。

你聽過比真正便利貼更好用，由 Google 免費提供的數位便利貼嗎？

開啟數位便利貼的提醒功能後，不小心忘記也沒有關係。

數位便利貼會在必要的時機出現在眼前，能夠立即回想起來。

有時會遇到想要記錄事情，手邊卻沒有紙筆的情況。身邊的智慧手機就可解決這項煩惱。

Google Keep 是 Google 開發的**數位筆記本 App**。

對商務人士來說，Google Keep 具有下述五項優勢：

1. **絕對不會遺失的筆記本（可檢索搜尋）**
2. **輸入內容後，即便忘記也沒有關係（提醒功能）**
3. **以語音、手寫、照片、文字輸入後，瞬間自動儲存內容**
4. **可與相關人員即時共用**
5. **各篇記事可以日期時間與場所設定提醒功能**

腦中光是計劃今天的行程安排就忙不過來了，一起追加外接式 Google Keep 減輕大腦記憶體的負擔。

圖表 5-8 Google Keep 的基本操作

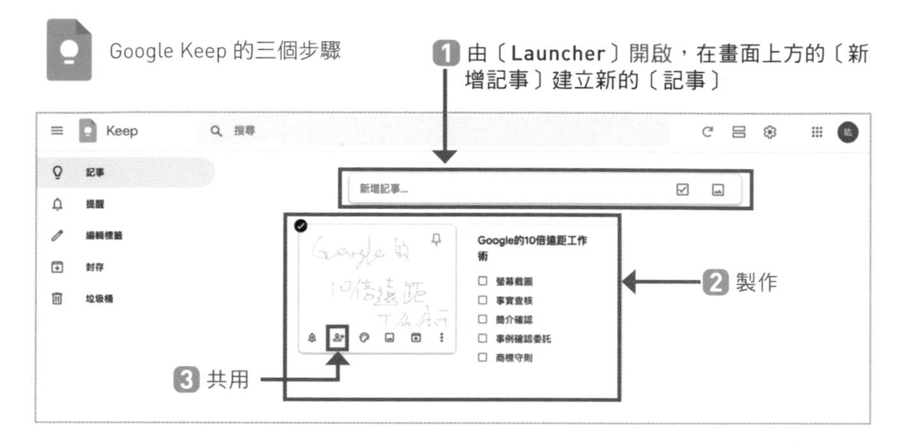

用來管理自己、下屬的任務

除了在電腦使用外，Google Keep 在智慧手機也是非常好用的 App。然後，如同其他的 Google App，和成員一起使用。

圖表 5-8 是 Google Keep 的操作畫面。除了可簡單新增記事、清單外，也可與他人共用、同時編輯。在什麼情況下使用最具有效果呢？

筆者最為推薦「**進度共用記事**」。對誰下達指示、約定作業期限、怎麼進行作業等等，上司只要記錄至 Google Keep，就能夠避免遺漏任何問題。

下頁**圖表 5-9** 是「進度共用記事」的範本，Google Keep 可像這樣以顏色區別不同類型的〔記事〕。這是逐篇製作再以清單檢視的 8 篇「記事」，各篇記事分別與相關人員共用。

圖表 5-9 以 Google Keep 管理進度

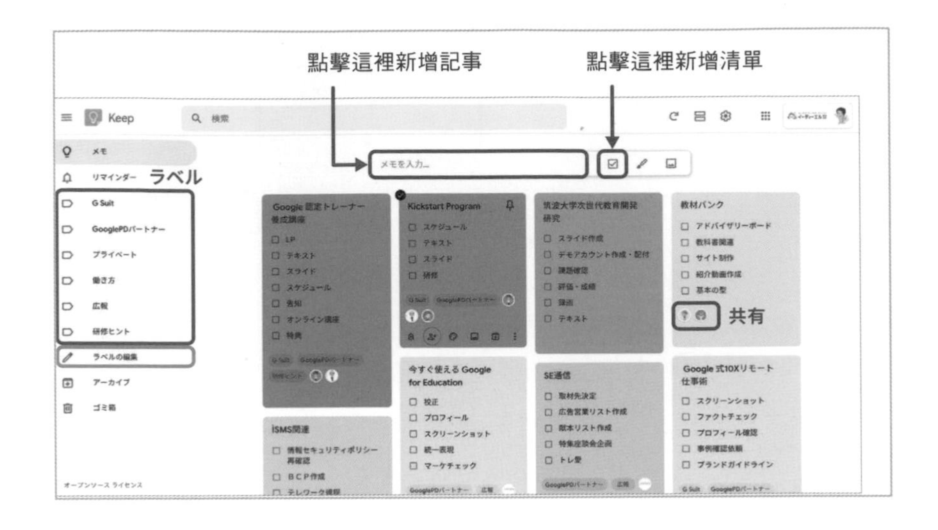

首先，實際操作看看。點擊**圖表 5-9** 畫面上方的〔新增記事〕，會顯示〔記事〕的輸入畫面。

此時，若點擊的不是〔新增記事〕而是〔核取方塊〕，會切換成〔清單〕的輸入畫面（**圖表 5-10**）。先在標題輸入業務、企劃名稱，再於〔＋清單項目〕輸入任務，輸入完後會立即自動儲存。

圖表 5-10 在 Google Keep 新增〔記事〕

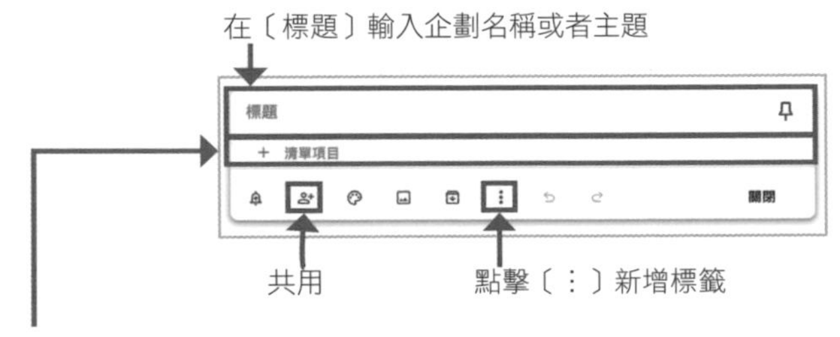

圖表 5-11 對記事、清單新增標籤或者更改顏色

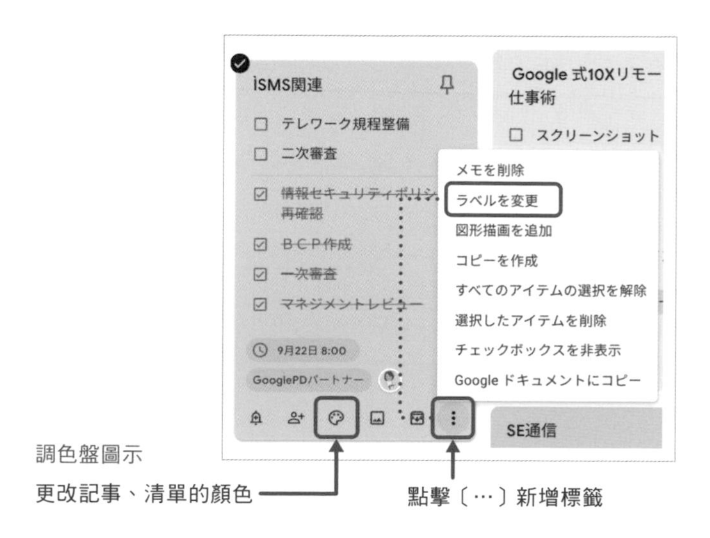

接著，試著新增「標籤」。事先加註標籤，之後可用標籤檢索搜尋。如同便利貼，一篇記事、清單能夠加註多個標籤。

除了企劃名稱、主題外，也可加註業務進度現況、負責人名稱等標籤。如**圖表 5-9** 所示，畫面左側會顯示已加入的標籤清單，點擊後可按照標籤列出記事、清單，迅速找到相關的記事。點擊〔編輯標籤〕可新建、刪除、變更標籤。

想要更改記事、清單的顏色時，請點擊〔調色盤〕圖示（**圖表 5-11**）。〔共用〕依舊是人型圖示，只需要輸入名稱、郵件地址再儲存，就能夠增加協作者。

圖表 5-12 **共用筆記以及顯示是否未讀**

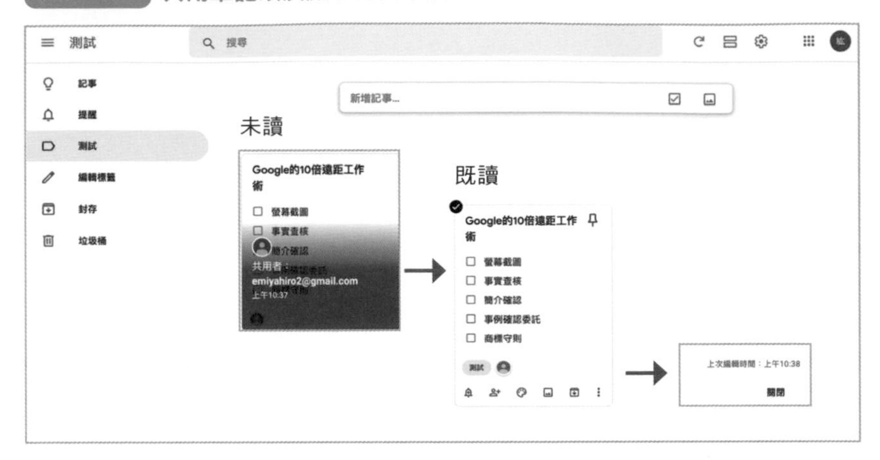

未被讀取的共用記事，下半部會如**圖表 5-12** 逐漸轉黑。點擊開啟記事後，畫面右下角會顯示記事建立者的圖示與共用的日期時間，能夠一目瞭然該記事是與誰共用。當有人進行編輯的時候，記事會同步成最新版本。

最後來介紹筆者**大力推薦的 Google Keep 功能**。

那就是自動辨識智慧手機照片中的文字，瞬間轉成文字資料儲存的功能。Google Keep 能夠辨識新聞、傳單、研習投影片等圖片中的文字，其準確度之高每次都讓筆者感到驚豔，但需要注意的是，要**在明亮的地方拍攝照片**，再遵循**圖表 5-13** 的步驟操作。

一起使用 Google Keep 成為遠距強者，簡單地將資訊數位化並與他人共享吧！遺失、誤會、疏於確認、遺忘、忘記傳達等等，這些「零碎問題」會悄悄地奪走你的寶貴時間。正因為是零碎的問題，才要建立確實處理、解決的機制，並與團隊成員一同實踐。

使用方法端看自己的巧思，請務必將 Google Keep 加進你的遠距管理工具。

圖表 5-13 Google Keep 能夠迅速轉換圖片中的文字

智慧手機畫面

圖片圖示＞〔拍攝照片〕＞觸擊照片＞〔⋮〕＞〔擷取圖片文字〕

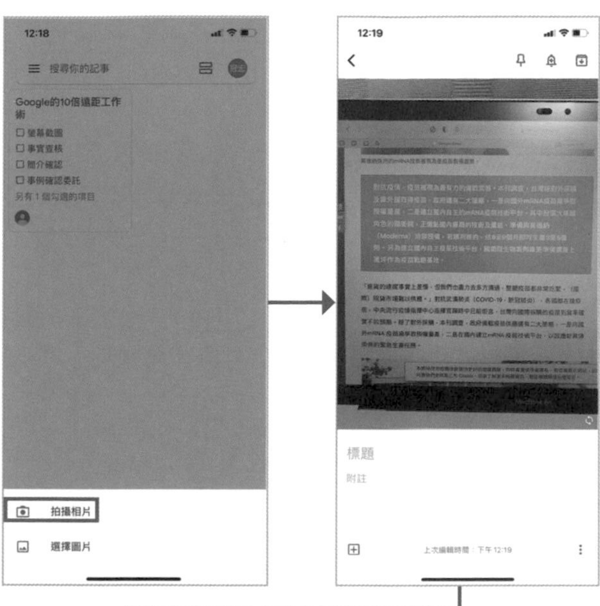

切換至照相機，拍攝想要轉成文字的圖片後，Google Keep 會像這樣自動加入照片

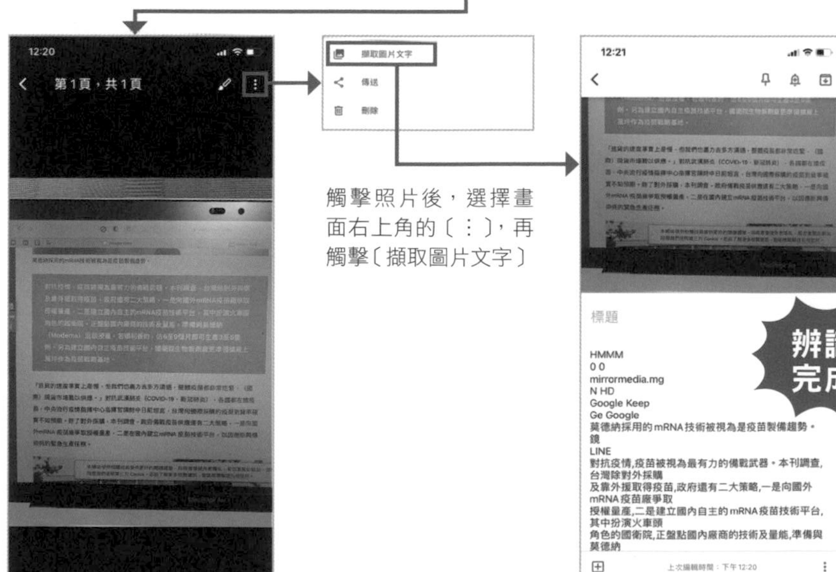

觸擊照片後，選擇畫面右上角的〔⋮〕，再觸擊〔擷取圖片文字〕

Column 3

Google 最重視的原則

Google 最重視的原則是「Focus on the user and all else will follow」，中文意為**「以使用者為先，一切水到渠成」**。

據悉，Google 的新進員工一定得參與有關 10 倍效率的研習，筆者也曾在雪梨的 Google 參與研修，學習了相關內容。具體來說，就是注重與使用者對話並產生共鳴。

傾聽、觀察、理解、共鳴、統合，並透過洞察將其視覺化。

設計思考的核心原則之一也是理解使用者。

由谷歌人撰寫的專欄、部落格、本書各處都出現此原則，可知 Google 有多麼認真重視。

另外，此原則也是 Google 官網中「Google 堅持的十大信條」的第一個信條。

請務必用 Google 搜尋「十大信條」看看。

雖然這邊不會詳盡介紹，但各位讀完網站內容後，可能會有新發現也說不定。

Google 創立公司數年後便訂定「十大信條」，谷歌人一路走來都遵從這些原則。

全球正職員工超過 10 萬人的大型企業，通常很難清楚傳達企業願景，但 Google 卻能夠將其理念滲透至每位員工，非常厲害。

「第 1 個鈕扣」扣錯，其他鈕扣會全部跟著扣錯。

對 Google 來說，第 1 個鈕扣就是使用者。

這項服務是為了誰而生產，又是為了什麼付諸實行，是絕對不可弄錯的重要訊息。

超過 300 位學生的社群 僅靠 2 人遠距營運

如今是幾乎只要上網就可免費獲取知識的時代，我們能夠透過 YouTube、搜尋引擎學習各種領域的專業知識。

在這樣的時代下，出現輔導如何經營教學商務的網路社群，儘管年費逾 100 萬日圓，會員人數仍舊超過 300 人，真的非常厲害。

而且，僅經過三年的時間，1000 多位遠距支援的學生當中，超過 100 位學生的每月交易總額，在短短三個月從零到突破 100 萬日圓。

為什麼能夠如此成功呢？

建立獨家商務模式的小林正彌執行長（教育商業，30 歲）以**零管理**為目標，不做多餘的管理，讓工作人員、聽講人在承諾的時間內達成自己訂定的成果。這是**僅管理產出**的經營方式。

為什麼能夠做到這樣的事情呢？

小林執行長自行擔任講師的同時，與事務人員**兩個人每月進行逾 300 位聽講人的進度管理、個別談話等等**，持續交出漂亮的成績單。

想要實踐這般獨特的經營管理，絕不能少了 **Google 試算表、Google 雲端硬碟**等 App。

下面趕緊來介紹各 App 的使用目的以及如何運用。

圖表 5-14 實踐零管理的 App 運用法

Google 試算表		
1. 線上群組諮詢的出缺席	全員共用	讓聽講人有空時填寫是否出席，再以函數清楚統計下次的出席人數。
2. 自我介紹	全員共用	全員共享聽講人各自輸入的內容，就算是官網、部落格網址等有變更，自身也能夠修正，隨時顯示最新資訊。
3. 階段性結果達成表	全員共用	分為由講師設定各階段合格標準的方格，與本人填寫達成目標營業額的方格。
4. 作業填寫表單	全員共用 但連結網址僅限本人使用	作業填寫表全員共用，但連結網址中的檔案僅限講師和聽講人存取。聽講人輸入後，填寫註解完成報告。 講師收到相關郵件，確認填寫表後回饋意見。根據填寫表的內容線上諮詢（個別談話），可於諮詢途中直接修改內容，立即互相確認。
Google 雲端硬碟		
發布獨家模板	全員共用	研習投影片資料、講義原稿、階段郵件原稿、傳單樣本等，共享招攬客人、講座營運所需的資料，聽講人能夠直接挪作他用。

圖表 5-14 統整了兩個實現零管理的 App 運用法。

那麼，下面就來聽小林執行長分享運用時的重點與優勢。

小林執行長的心得分享

我們正嘗試單一窗口的遠距輔助體制，協助聽講人經營教學商務與將自己的教學企劃出版成書籍。
每個月迎接新會員的同時，也在線上建立聽講人可依自己的步調邁向成功的學習機制。

想要達成這個目標，需要巧妙結合學習到的所有知識、專業技術的**「翻轉式學習」**與個別回答解惑的**「諮商詢問」**。
翻轉式學習是，將傳統當面教學的內容錄製成影片，提供聽講人課前預習、課後複習的學習環境。

首先準備各階段的講解影片，讓每位聽講人依自己的步調觀看。
接著，讓聽講人自行實踐學習的內容，提供獨家的模板方便學生記錄自身的經驗、專業技術。
如今，已進入學習過程全部轉為線上、遠距的時代。
但在實踐所學內容的階段，「這裡該怎麼處理才好」、「不曉得怎麼編寫教材」等，聽講人可能會碰到思考瓶頸。
由於每個人的問題不盡相同，**需要個別解惑的諮商詢問**。
在新冠疫情前，這個部分是採取團體諮詢的形式，每個月讓學生聚集到會議室。與講師直接碰面能夠激發熱忱，聽講人之間也可交流分享經驗，但現在這些全部改為線上進行。事先錄製教學影片，缺席者能夠之後再收看。

換言之，透過「觀看影片」→「填寫模板」→「諮商詢問」→「根據回饋完成課題，邁向下一個階段」的四階段循環，**聽講人可自行學習**。

若缺少 Google 試算表的話，每當事務處收到聽講人的聯絡，都得管理、更新資訊才行，但如今完全不需要。

當聽講人在填寫自己的進度時，也會看到其他人的進度，產生良性的競爭，萌生自己也得加把勁的念頭。

在 Google 雲端硬碟，聽講人能夠將我們實際使用的資料，直接運用於自己的教學企劃當中。

存於 Google 雲端硬碟的檔案，只要將連結網址尾端的「edit#」改成「copy」，就可將原始的共用檔案改成備份檔。

多虧如此活用 Google 的系統，**大幅提升了營運方面的生產力**。

現在，我們也有國外的學生，雖然每個月的個別諮商逾 200 場，但與工作人員的協作採取遠距的零管理，能夠花時間在自己想做的事情、私人生活上。

如上所述，遠距辦公也能夠激發熱忱、創造 10 倍的成果。

參考資料

針對企業組織所提供的付費服務「Google Workspace」推動數位轉型[47]

對於與經營者、外部人士協作的自營業者、組織經理人等，負責資訊共用的人來說，這節的補充內容會非常有幫助。

前面介紹的 Google App 全都是免費的，在享有世界最高水準之資安防護的同時，各個 App 也具備 AI 功能，可大幅節省作業時間。
僅需要協助成員取得 Gmail 帳戶，並運用本書解説的 10 倍溝通術、10 倍協作術、10 倍管理術等 CCM 三大利器，肯定能夠大幅度提升生產力。

然而，在**管理與運用資訊的組織體制**方面，卻也存在有些不便、令人擔心的地方。
Gmail 帳戶屬於「個人」的所有物。因此，在該帳戶下建立的文件、訊息交流，基本上是「個人」的智慧財產。
「共用」到什麼程度取決於當事人的判斷，組織的經理人無法強制公開、確認設定內容。
當基於某些因素離開團隊的時候，即便是工作上與全員共用的檔案，資料的所有權也理當屬於本人。

---

[47] Digital Transformation 是指，「為因應企業於商務環境上的快速變動，運用資料與數位技術，根據顧客與社會的需求改良產品、服務、商務模式，同時改進業務本身、組織、工作流程、企業文化、風土人情，確立自己的競爭優勢」（資料來源：日本經濟產業省 平成 30 年 12 月「數位轉型的推動指引 Ver. 1.0」第 2 頁 ）。

當團隊交流的資訊量愈多，以 Gmail 帳戶構成的組織愈無法統一管理，**可能逐漸產生難以管理的問題**。

而「**Google Workspace**」能夠漂亮地解決這個問題。

免費的 Gmail 與 Google Workspace 的比較

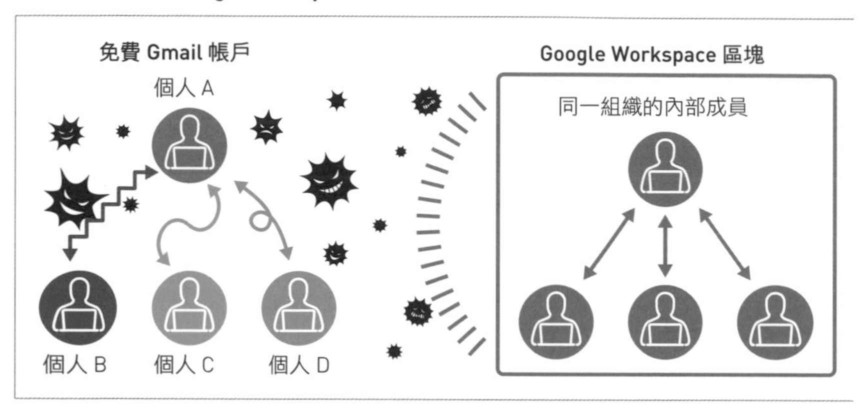

Google Workspace 是 Google 提供的**付費服務**。

2020 年 10 月，G Suite 正式更名為 Google Workspace，配合新冠後疫情以遠距為主的工作方式，將會議、文件製作、管理等功能統整成更易使用的形式。

全球逾 600 萬家公司導入 Google Workspace，約 26 億人正在使用該**組織提供的服務**。

組織的「管理人」擁有設定資安防護、檔案共用的權限，能夠統一管理。

管理人可由遠距下達各種指示的工具「管理控制台」[48]，掌握、分析、管理所有的帳戶資訊。

[48] Google Workspace 管理人控制組織成員使用 Google 服務的地方，統一管理所有的 Google Workspace 服務，能夠加入剔除用戶、重設密碼、顯示監視日誌、聯絡支援服務、其他各種功能。

另外，Google Workspace 擁有免費版 App 未提供的進階功能，協助組織更加安全、快速地共享資訊。

首先，使用 Google Workspace 中的「公司網域」。
貴公司網域好比網路上的「門牌」，可自行設定公司或者特定服務的名稱。
以 info @ sample.co.jp 的郵件地址為例，網域名稱是@後面的「sample.co.jp」，sample 的部分能夠自行設定，而 co.jp 是日本上市公司逾97%使用、具高信賴性的日本企業專用網域（當然，也可設定 co.jp 以外的網域名稱）。
此郵件地址即為 Google 帳戶，除了垃圾郵件排除率 99%的 Gmail 外，也能夠使用所有的 Google App。
免費版 Gmail 帳戶其實並沒有「營運保證」。而 Google Workspace 附帶 **99.9%的營運保證與支援服務**，遇到任何困擾、疑問的時候，可立即以郵件、聊天室向 Google 求助。

話說回來，導入 Google Workspace 最大的優勢是什麼呢？
答案是**能夠最簡短迅速地推動現今蔚為話題的數位轉型（Digital Transformation）**。
為什麼這麼說呢？
Google Workspace 宛若谷歌人每天使用的**文具**，不斷地改進、改良孕育出更多創新功能，是能夠直覺簡單地操作的工具。
如前所述，Google Apps 是純雲端原生、不存在「IT 落差」，能夠實現資訊的無障礙化。尤其，在組織內部的資訊共用方面，能夠完全排除「往返」的問題。

第 3 章討論了創造 10 倍遠距溝通交流的方法，使用 **Google 日曆**的 Google AI 自動調整會議日程；使用 **Google Meet** 的即時通訊功能稱霸遠距會議；使用 **Google Jamboard** 收斂會議結論。

Gmail 帳戶之間屬於陌生人的關係，除非請求對方開啟共用功能，否則無法查看對方的預定行程，若遭到拒絕共用，也只有放棄一途。
另一方面，相同組織的 Google Workspace **起初即為共用的環境**，僅需輸入對方的名字就能夠取得聯絡、一同雲端作業，**大幅提升投入新事物的速度**。
雖然 Google Workspace 的帳戶基本上是由個人使用、管理，用戶能夠自由地設定密碼，但帳戶本身卻是屬於組織的，Google Workspace 的管理者擁有管理帳戶資訊的權限，可視需要隨時更改密碼。
另外，「設定逾 10 個文字的密碼」、「啟動兩步驟驗證」等，Google Workspace 管理人可於管理控制台設定使用規則[49]，如僅啟用輔助團隊的 Google Meet；僅允許市場行銷部門使用 Google 協作平台的一般公開功能。

第 4 章討論了創造 10 倍遠距協作成果的方法，使用 **Google 表單**蒐集最新穎的第一手資訊；使用 **Google 試算表**分析、編輯資料；使用 **Google 雲端硬碟**與相關成員即時共用資料、檔案。

49 Workspace 將使用規則、方針稱為「政策（Policy）」。

導入 Google Workspace 後，能夠跨越每位成員所屬團隊的藩籬，輕鬆地在整個組織中營造主動共同協作的「機會」與「場所」。
蒐集、分析、調整資料後與相關人員共用，可超乎想像地大幅提升成員的生產力，有助於完成工作業務。進一步發展後，即便放任不管，組織內部各單位也會同時展開不同的企劃。

數位轉型並非單純導入 IT 工具，而是建立可自動蒐集加速判斷的數據資料、能夠運用這些數據資料的環境，與各式各樣的相關人員協力推動創新。
導入 Google Workspace 後，第一線便會自動地推動數位轉型。

第 5 章討論了創造 10 倍遠距管理效果的方法。
使用 **Google Classroom** 統一管理與下屬的訊息交流，建立即便分散異地也能維持信賴關係的機制；使用 **Google 帳戶**強化資安防護的管理；使用次世代筆記本 **Google Keep** 迅速解決各種小事。結合這三個 App 經營管理，可讓大家發揮出 10 倍的力量。

對創新來說，最重要的是**改變心態（mindset）**[50]。
想要成功數位轉型，領導人、經理人需要提出遠大目標，揭示如何付諸實踐，將大目標拆解成小目標一起完成。

本書介紹了 **10 個 App 的內容與運用方法**。

[50] 「對事物的看法。判斷、採取行動時的思考基準。」（資料來源：小學館「數位大辭泉」）。

只要善用嚴選的 Google App，你也有能力面對諸多挑戰的現實環境。結合數位工具付諸行動，正是數位轉型本來的目的。光靠 Google 的 Apps，就能夠實現數位轉型。

Google Workspace 的**性價比極高**，❶ Business Starter 只要 6 美元、❷ Business Standard 只要 12 美元、❸ Business Plus 只要 18 美元(皆為每人平均月費)，總額花費請乘上使用人數。

2020 年 10 月 6 日，長年提供商務向群組軟體服務的 G Suite，已經將品牌重塑更名成 Google Workspace，由過去的三種方案轉成四種方案，加入了大規模商務的企業方案。過去三種方案維持原來的費用。

	Gmail（免費版）	Google Workspace（付費版）		
	Gmail 帳戶	Business Starter ❶	Business Standard ❷	Business Plus ❸
月租費[51]	0 元	6 美元	12 美元	18 美元
儲存空間	15GB	30GB	2TB	5TB
管理控制台	╳	○	○	○
電子郵件	@gmail.com	貴公司專用的自訂電子郵件		
共用雲端硬碟	╳	╳	○	○
Google Meet	最多 100 人	最多 100 人	最多 150 人	最多 250 人
數位白板／模糊背景	○	○	○	○
分組討論室	╳	╳	○	○
Google Meet 的錄影功能	╳	╳	○	○

左頁下方的圖表統整了包含免費版的方案比較。其他詳盡細節請搜尋「Google Workspace」。下面再來看看其他與免費版不同的地方。

Google 雲端硬碟

Google Workspace 方案❷ Business Standard 以上的版本，能夠使用〔共用雲端硬碟〕。

在 Google 製作或者上傳檔案時，基本上是以該帳戶個人為「擁有者（資訊的持有人）」。因此，存於「我的雲端硬碟」的個人檔案，即便是 Google Workspace 的帳戶，刪除帳戶的同時也會刪除該帳戶所儲存的資料。

當然，我們可將資料移轉至其他帳戶，但若將全部資料移至某個人的帳戶，就會產生資訊管理方面的疑慮。

就這點而言〔共用雲端硬碟〕的檔案擁有者起初就不是個人而是組織，即便成員有人離職而被刪除帳戶，檔案也能不受影響地繼續留存，由團隊繼續共用資訊完成工作。

Google 雲端硬碟的儲存空間會隨 Google Workspace 的方案而異，❶ Business Starter 享有 30GB；❷ Business Standard 享有 2TB；❸ Business Plus 享有 5TB。

Google Meet

根據 Google Workspace 的方案，Google Meet 的最多可邀請人數不同，❶ Business Starter 最多可邀請 100 人；❷ Business Standard 最多可邀請 150 人；❸ Business Plus 最多可邀請 250 人。

---

[51] 每位使用者的未含稅使用費。提供 14 天免費試用，試用期結束後採月繳付費或者年繳付費。大規模商務為個別方案，費用不對外公開，需要直接洽詢銷售人員。

❷ Business Standard 以上的版本，Google Meet 可使用會議錄影功能、將參與者分為多個小組的分組討論室功能。
免費的 Gmail 帳戶也可使用模糊背景的功能、與 Google Jamboard 連結的白板功能。

請先一起熟練免費版的 Google App。當整個組織想要進一步運用進階功能時，再考慮加入 Google Workspace。
Google Workspaces 能夠靈活應對多樣化的企業需求，提供性價比超高的服務。如何活用端看身為主角的你，愈早開始就能愈快嚐到勝利的果實。
若所屬的公司已經導入 Google Workspace 的話，務必從你的團隊嘗試實踐 10 倍工作術。

【注意事項】運用前務必詳細閱讀

- 本書記載的內容僅為提供資訊，相關運用請務必基於讀者自身的責任與判斷，其衍伸結果恕作者及出版社不負任何責任。
- Google 服務、App 的操作敘述是根據 2020 年 10 月時的資訊，更新後的功能、操作、畫面可能與本書的說明有所出入，還請各位諒解。
- 本書的解說是以使用可連網且已安裝 Google Chrome 的電腦、平板、智慧手機、Chromebook 為前提，操作畫面可能因機種、更新版本而異。
- 關於網路的相關資訊，網址、畫面可能有所更動，還請各位諒解。

結語

2019 年 4 月的某個夜晚，筆者經歷了令人振奮的體驗。
當晚在一個豪華的宴會中，逾 300 家公司的資深經營者齊聚一堂，各個身著昂貴的西裝、禮服。

由市場行銷世界權威「ECHO 獎」的國際審查員、榮獲日本經濟誌喻為「日本第一的行銷人」的神田昌典先生，主持這一年一度的盛大活動。
在經歷嚴格審查脫穎而出的社群中，除了是相互讚賞成員過去一年成果的場域外，同時也是決定「社會改革領導人」最傑出商務模式的發表會。

周圍盡是身經百戰的經營者，讓筆者感覺自己是不是來錯地方了。
在華麗的會場中，內心覺得自己格格不入，悄悄屏息藏身於後。
不瞞您說，筆者去年的財務其實入不敷出，並未滿足參加條件，根本是宛若「醜小鴨」般的存在，僅因為「經營有趣的新創事業」才勉強能夠參加。

缺乏任何經驗與實績的我，沒有值得驕傲的武器、戰略。
醜小鴨想要參加發表會，僅能夠賭上 2017 年創立的新事業，也就是在商務情境運用 Google 最簡短迅速地交出成果的研習事業。

終於要發表立於逾 300 家公司頂點的最傑出 MVP。
經過嚴謹公正的審查結果，獲獎者是…

「平塚知真子女士！」

竟然高聲唱出我的名字。

這是致力於簡單講述最新科技的想法獲得認同，醜小鴨從最後一排突然飛躍起來的瞬間。

完全不敵其他經營者的我，唯一的武器就是本書首度介紹的「**Google 的 10 倍遠距工作術**」。

如今是只要勇敢出手嘗試，任誰都能熟練相關科技的時代。然而，若自己沒有想要瞭解的念頭，根本不會有人願意教導你。

想要實現本書提及的 10 倍目標，最重要的關鍵不是 Google 的 App，而是你自身的想法與行動。

端看你的決心與意願，前方將敞開無限光明的未來。

你真正想要實現的是什麼？

這個問題非常重要。

明確想像自己的願望後，Google 便會宛若阿拉丁神燈，成為你最可靠的夥伴。

自從獲頒最傑出 MVP 以來，筆者愈發想要傳達 Google 最強 Apps 是許多商務人士的強大夥伴。受到這份使命感驅動，而決心執筆撰寫本書。

不過，雖然成功通過出版企劃，執筆、編輯卻不是簡單的任務。

以文字向從未接觸雲端世界觀的人傳達想法，沒想到是如此困難的事情。執筆前從未想像過的高牆，讓筆者頻頻遭受挫折。

原稿撰寫屢屢碰壁，每天心情宛若跌落谷底。此時，每當回想那個夜晚的點滴，就湧現絕不放棄的決心，鼓舞自己一定要堅持下去。

然後，現在終於能在晚秋的美麗公園散步之際，使用本書介紹的 Google Keep 語音輸入最後的「結語」。

為什麼能夠走到這一步呢？
為了在今天創造與昨天不同的明天，我選擇認真按下「**創新自己**」的開關。

完全捨棄自身成見、渺小的自尊心，勇於嘗試新的做法。筆者如此下定決心，並實際付諸行動。
然而，原本認為已經做好覺悟，卻還是不容易改變。
「改變」真的非常困難，但正因為改變了，才成就現在的自己。

若本書能夠成為你跳脫框架的契機，激發沉睡已久的可能性，將會是筆者至高無上的喜悅。
請務必今天就高舉 10 倍目標、踏出最初的一小步，在你的日常生活中引進一個新的想法。

出版書籍真的是既漫長又艱辛。
光靠筆者一個人肯定無法走完這段旅程。
感謝給予執筆本書的機會，一路真心支援我的 Almacreation 股份有限公司的神田昌典先生。
感謝替我按下創造革新的開關，宛如教導攀登高山的技巧、總是指引我正確方向的市場行銷教練橫田伊佐男先生。

感謝多次激勵頻頻受挫的我、不斷展現專業精神的鑽石出版社總編寺田庸二先生。
筆者在此致上最深的謝意。

感謝協助漂亮裝禎的山影麻奈女士。
感謝協助樸實典雅排版設計的岸和泉女士。
感謝指點筆者疏忽之處，多次在千鈞一髮之際拯救我的校正人員加藤義廣先生、宮川咲女士。
真的非常謝謝您們。

感謝松岡朝美女士、小出泰久先生、衫浦剛先生等親愛的谷歌人，一路教導我的國立資訊學研究所的新井紀子等諸位教授。田隝加代子 女士、平山秀樹 先生、小林正彌 先生、國持重隆 先生、神天秀樹 先生、土井英司 先生、原尚美 女士、矢野香 女士、北林利江 女士、日比將人 先生、本多美佐江 女士，真的非常謝謝您們。接受取材但未在此列出的協助者們，筆者也在此表示誠摯的謝意。
感謝始終以笑臉支持我全力工作的摯愛家人，與 EDL 股份有限公司的同仁，真的非常謝謝您們。

最後，感謝各位讀完這本書籍的讀者。
衷心期盼有朝一日與您們相見。

平塚知真子

於 2020 年 10 月晚秋的筑波市

〔作者〕

平塚知真子

Google 最高階合作夥伴／EDL 股份有限公司的代表董事。日本唯一持有兩項 Google 最高階頭銜（Google 認證訓練講師／Google Cloud Partner Specialization Education）的女性訓練講師經營者。由於指導技巧高超，能夠在短時間大幅提升學員的 IT 技能，所以在教育領域獲得 Google 極高的信賴。

畢業於早稻田大學第一文學系（主修教育學）、筑波大學研究所教育研究科（教育學碩士），現為筑波大學研究所兼任講師。

連續兩年榮獲 Almacreation 股份有限公司主辦的最傑出 MVP「跨業領導人獎」（2019 年、2020 年）。在日本常陽銀行主辦的第三屆常陽商務獎，「女性經濟學」379 個方案中榮獲第 2 名（2015 年）。

曾任職出版社、擔任全職家庭主婦，後因求知慾高而攻讀研究所，在學期間湧現創業念頭，建立 IT 教育公司迄今。

以「在日本傳達、推廣最棒的 IT 技能」的理念，向教育工作者、商務人士教授最新的 IT 與雲端技能。由於總是二十四小時緊盯電腦、平板，所以每個月自行規劃一次數位斷捨離，巡訪日本各地的溫泉。

生於 1968 年，居於茨城縣筑波市，與丈夫育有一男一女。本書為其處女作。

【聯絡方式】info@edl.co.jp

達成 10 倍效率的 Google 雲端工作術｜數位轉型 x 遠距工作

作　　者：平塚知真子
裝　　訂：山影麻奈
文字設計・插圖：岸 和泉
企劃合作：横田伊佐男（CRM Direct, INC.）
譯　　者：衛宮紘
企劃編輯：莊吳行世
文字編輯：詹祐甯
設計裝幀：張寶莉
發 行 人：廖文良

發 行 所：碁峰資訊股份有限公司
地　　址：台北市南港區三重路 66 號 7 樓之 6
電　　話：(02)2788-2408
傳　　真：(02)8192-4433
網　　站：www.gotop.com.tw
書　　號：ACV042700
版　　次：2021 年 10 月初版
建議售價：NT$380

國家圖書館出版品預行編目資料

達成 10 倍效率的 Google 雲端工作術 / 平塚知真子原著；
衛宮紘譯. -- 初版. -- 臺北市：碁峰資訊, 2021.10
面；　公分
ISBN 978-986-502-963-0(平裝)
1.網際網路　2.搜尋引擎　3.工作效率
312.1653　　110016262

讀者服務

- 感謝您購買碁峰圖書，如果您對本書的內容或表達上有不清楚的地方或其他建議，請至碁峰網站：「聯絡我們」\「圖書問題」留下您所購買之書籍及問題。（請註明購買書籍之書號及書名，以及問題頁數，以便能儘快為您處理）
http://www.gotop.com.tw
- 售後服務僅限書籍本身內容，若是軟、硬體問題，請您直接與軟、硬體廠商聯絡。
- 若於購買書籍後發現有破損、缺頁、裝訂錯誤之問題，請直接將書寄回更換，並註明您的姓名、連絡電話及地址，將有專人與您連絡補寄商品。